新工科

微课版

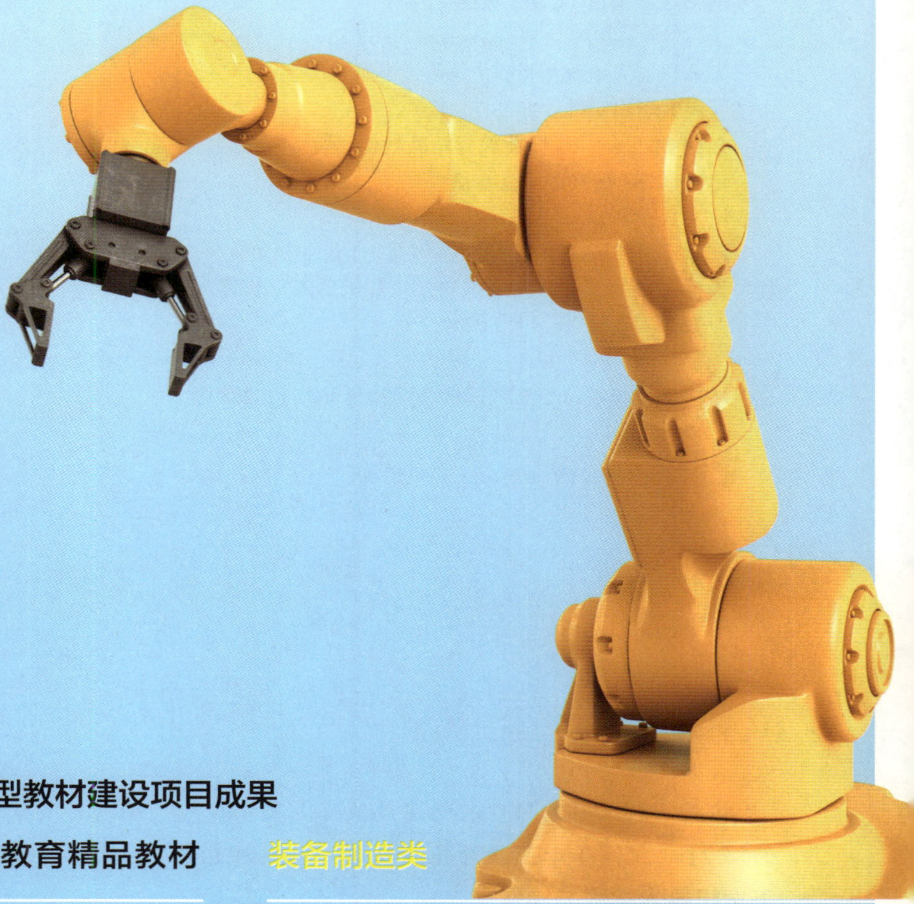

"十四五"新工科应用型教材建设项目成果

新编21世纪高等职业教育精品教材　装备制造类

工业机器人编程与操作

主　编　马　阳　邵　娟
副主编　范　宁　肖学鹏　宁文超
主　审　刘怀兰

Gongye Jiqiren
Biancheng yu Caozuo

中国人民大学出版社
·北京·

图书在版编目（CIP）数据

工业机器人编程与操作 / 马阳，邵娟主编. -- 北京 :
中国人民大学出版社，2023.7
新编 21 世纪高等职业教育精品教材. 装备制造类
ISBN 978-7-300-31919-3

Ⅰ. ①工… Ⅱ. ①马… ②邵… Ⅲ. ①工业机器人－程序设计－高等职业教育－教材②工业机器人－操作－高等职业教育—教材 Ⅳ. ① TP242.2

中国国家版本馆 CIP 数据核字（2023）第 124288 号

"十四五"新工科应用型教材建设项目成果
新编 21 世纪高等职业教育精品教材·装备制造类
工业机器人编程与操作
主　编　马　阳　邵　娟
副主编　范　宁　肖学鹏　宁文超
主　审　刘怀兰
Gongye Jiqiren Biancheng yu Caozuo

出版发行	中国人民大学出版社		
社　　址	北京中关村大街 31 号	**邮政编码**	100080
电　　话	010－62511242（总编室）		010－62511770（质管部）
	010－82501766（邮购部）		010－62514148（门市部）
	010－62515195（发行公司）		010－62515275（盗版举报）
网　　址	http://www.crup.com.cn		
经　　销	新华书店		
印　　刷	北京瑞禾彩色印刷有限公司		
开　　本	787 mm × 1092 mm　1/16	**版　　次**	2023 年 7 月第 1 版
印　　张	11.75	**印　　次**	2023 年 7 月第 1 次印刷
字　　数	222 000	**定　　价**	49.00 元

前言
PREFACE

党的二十大报告指出，教育、科技、人才是全面建设社会主义现代化国家的基础性、战略性支撑。教育是国之大计、党之大计。职业教育是我国教育体系的重要组成部分，肩负着“为党育人、为国育才”的神圣使命。我们致力于在习近平新时代中国特色社会主义思想指导下，贯彻落实党的二十大精神，切实加强教材建设，编写质量可靠、切合职业教育特点的优质教材，为实施科教兴国战略作出贡献。

工业机器人具有节省成本、方便监管、安全性高等优点。近年来，国产工业机器人技术得到了飞速发展，能够更好地适应高强度、重复性的工作，广泛应用于国家建设的各个领域。与工业机器人的发展规模相比，工业机器人应用、维修、维护人员的数量显得愈发紧缺，专业水平亟须提高，为此，我们结合行业需求及多年教学经验编写了本书，旨在为培养工业机器人领域应用型高技能人才助力。本书注重理论联系实际，以华数机器人 I 型 HSR-612 为平台，通过项目式教学模式详细讲解工业机器人操作及程序编写方面的知识，着重培养学生的实际应用能力。

本书由辽宁建筑职业学院的马阳、邵娟担任主编，辽宁建筑职业学院的范宁、武汉华中数控股份有限公司的肖学鹏和宁文超担任副主编，华中科技大学的刘怀兰担任主审。

由于时间仓促，加之编者水平有限，书中难免存在疏漏和不足之处，恳请广大读者批评指正。

编者

目录

CONTENTS

任务 1　工业机器人写字程序的编制

<table>
<tr><td>工作任务</td><td>工业机器人写字程序的编制</td><td>教学模式</td><td>任务驱动</td></tr>
<tr><td>建议学时</td><td>6 学时</td><td>教学地点</td><td>机器人实验室</td></tr>
<tr><td>任务描述</td><td colspan="3">通过对 HSR-6 工业机器人写字操作与编程的学习，理解工业机器人程序的概念，了解相关编程指令，了解示教器的操作方法、机器人基坐标系的设定方法，进而具备对机器人写字作业操作、编程及维护的基本能力。</td></tr>
<tr><td>素养提升</td><td colspan="3">（1）培养严谨端正的学习态度、求真务实的工作作风，努力成为新时期具体匠心精神的优秀技术人才。
（2）培养民族自豪感，坚定文化自信。
（3）培养沟通交流、团队协作的意识，养成自我学习的习惯，具备分析与解决实际问题的能力。</td></tr>
<tr><td>技能目标</td><td colspan="3">（1）能够区分 HSR-6 工业机器人的相关编程指令。
（2）能使用 HSpad 示教器对 HSR-6 工业机器人进行操作。
（3）能使用 HSR-6 工业机器人基本指令正确编制写字程序。</td></tr>
<tr><td>设备器材</td><td colspan="3">华数六轴工业机器人（HSR-6）</td></tr>
<tr><td>学习思路</td><td colspan="3">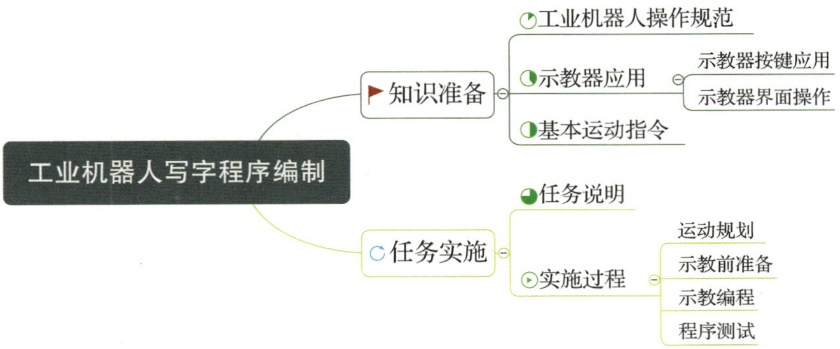
</td></tr>
</table>

一、知识准备

（一）工业机器人的操作规范

工业机器人的特点	与其他机械设备相比，工业机器人具有工作空间范围大、动作迅速等特点，这些特点在提升机器人效能的同时也存在安全隐患。因此，操作人员必须经过专业培训，了解系统指示灯及按钮的用途，熟知基本设备常识、安全知识及注意事项后方可操作。 工业机器人运动空间参数设置
工业机器人控制系统	工业机器人控制系统主要由控制器与示教器以及运行在这两种设备上的软件组成。 控制器一般安装于机器人电控柜内部，控制机器人的伺服驱动器、输入 / 输出等主要执行设备；示教器一般通过电缆连接到机器人电控柜，作为上位机经以太网与控制器进行通信。
工业机器人的操作安全及注意事项	（1）穿戴和使用规定的工作服、安全鞋、安全帽、保护用具等。 （2）工业机器人工作前的检测工作如下： 1）线槽、导线无破损外露。 2）工业机器人本体和外部轴上严禁摆放杂物、工具等。 3）电控柜上严禁摆放装有液体的物品（如水瓶）。 4）无漏气、漏水、漏电现象。 5）确认示教器的安全保护装置（如紧急停止按钮）是否能正确工作。 （3）开机过程如下： 1）接通总电源。 2）电控柜上电。 3）确认工业机器人在接通电源后无报警，方可进行操作。 （4）用示教器操作工业机器人并进行作业前，确认工业机器人工作空间内没有人员及障碍物。工业机器人处于自动模式时，任何人员都不允许进入其动作所及的区域。调试人员进入工业机器人工作区域时，必须随身携带示教器，以防他人误操作。 （5）示教器使用后应放至规定位置，远离高温区，不可放在工业机器人工作区域，以防发生碰撞而导致事故。 （6）保持工业机器人的清洁，确保安全标记清晰，如有损坏应及时更换。

工业机器人的操作安全及注意事项	（7）作业结束，为确保安全，要养成先按下紧急停止按钮，断开机器人伺服电源后再断开电源设备开关的习惯，然后断开总电源，清理设备，整理现场。 （8）工业机器人停机时，夹具上不应置物，必须空机。 （9）必须知道工业机器人控制器和外围控制设备上的紧急停止按钮的位置，发生意外或机器人运行不正常时，立即按下紧急停止按钮停止运行。 （10）工业机器人在自动状态下，即使运行速度非常低，其动量仍很大，所以在进行编程、测试及维修等工作时，必须将工业机器人状态置于手动模式。 （11）在手动模式下调试工业机器人时，如果不需要移动机器人，必须及时释放使能器。 （12）突然停电后，要赶在来电前断开工业机器人的总电源开关，并及时取下夹具上的工件。 （13）开机运行前，必须明确工业机器人要根据所编程序执行的全部任务。 （14）工业机器人断电后，需要等待放电完成才能再次上电。 （15）必须知道所有会影响工业机器人移动的开关、传感器和控制信号的位置和状态。 （16）永远不要认为工业机器人没有移动就表示程序已经运行完毕，很可能工业机器人正在等待继续移动的输入信号。 （17）必须保管好工业机器人的钥匙，严禁非授权人员使用机器人。
HSR-6 工业机器人的示教和手动控制	（1）点动操作工业机器人时，要采用较低的速度倍率。 （2）按下示教器上的“点动”运行键之前，要考虑机器人的运动趋势。 （3）要预先考虑好机器人的运动轨迹，做好避让准备，并确认该线路不受干扰。
不可使用工业机器人的情况	（1）燃烧的环境。 （2）环境有爆炸的可能。 （3）环境受无线电干扰。 （4）需要在水中或其他液体中作业。 （5）运送人或动物。 （6）不可有攀附物。 （7）其他不可使用的场合。

（二）示教器应用		
HSpad 示教器简介	HSpad 示教器采用触摸屏 + 周边按钮的操作方式。 HSpad 示教器配备了 8in（1in = 25.4mm）触摸屏、多组按钮、急停开关、钥匙开关、三段式安全开关、USB 接口。	
HSpad 示教器正面	（1）用于连接控制器的钥匙开关，只有插入钥匙后，才可以转换状态。可以通过连接控制器切换运行模式。 （2）紧急停止按钮。 （3）点动运行按钮，用于手动移动机器人。 （4）用于设定程序调节量的按钮。自动运行时为倍率调节。 （5）用于设定手动调节量的按钮。手动运行时为倍率调节。 （6）主菜单按钮，可进行菜单和文件导航器之间的切换。 （7）暂停按钮，可暂停程序的运行。 （8）停止按钮，可停止正在运行的程序。 （9）预留。 （10）开始运行按钮，在加载程序成功后，点击该按钮开始运行。 （11）辅助按钮。	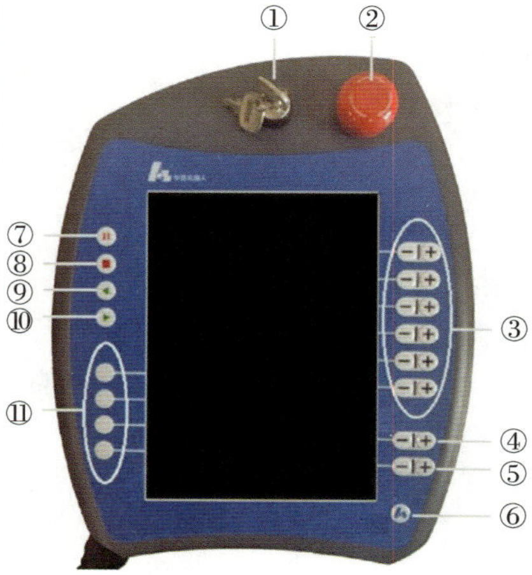
HSpad 示教器反面	（1）调试接口。 （2）三段式安全开关，有 3 个控制位置： 1）未按下。 2）中间位置。 3）完全按下。	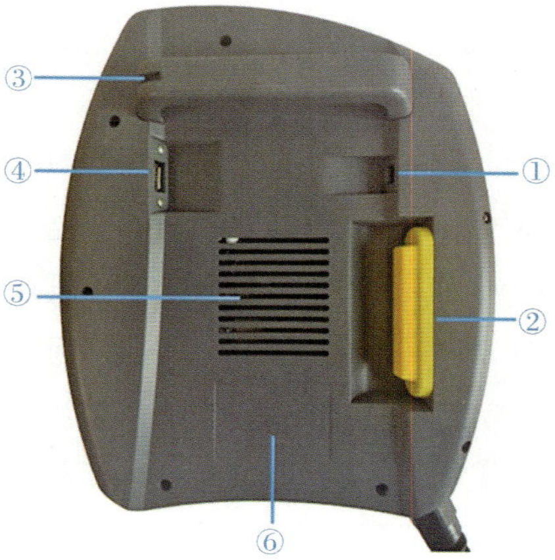

HSpad 示教器反面	手动运行方式下，安全开关必须保持在中间位置，方可使机器人运动。自动运行模式下，安全开关不起作用。 （3）HSpad 触摸屏手写笔插槽。 （4）USB 插口：用于存档 / 还原等操作。 （5）散热口。 （6）HSpad 标签型号粘贴处。	
HSpad 示教器操作界面	（1）坐标栏。 （2）状态栏：显示主菜单图标、网络状态和报警信息。 （3）坐标系状态：点击该图标可显示所有坐标系，供选择。 （4）点动运行指示：如果选择与轴相关的运行，这里将显示轴号（J1、J2、J3、J4、J5、J6）；如果选择笛卡尔坐标运行，这里将显示坐标系的方向（X、Y、Z、A、B、C）。 （5）倍率修调图标。 （6）增量模式图标。 （7）回参考点图标：可以单一轴返回参考点，也可以所有轴同时返回参考点。 （8）工件坐标系选择框。 （9）工具坐标系选择框。 （10）坐标模式选择框：点击该图标可显示所有坐标系，供选择。	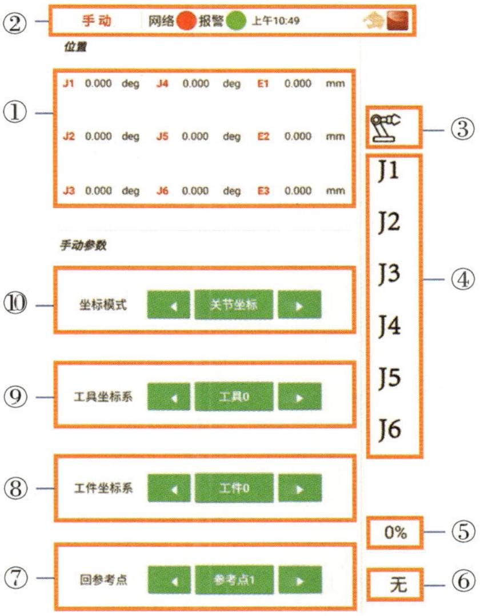

HSpad 示教器的主菜单	主菜单可供用户完成对机器人的各种操控，主菜单的基本操作步骤如下： 步骤 1：点击主菜单图标或按主菜单按钮，可打开主菜单。 步骤 2：再次点击主菜单图标或按主菜单按钮，可关闭主菜单。 步骤 3：点击左栏主菜单的一个菜单项将显示其下级菜单。	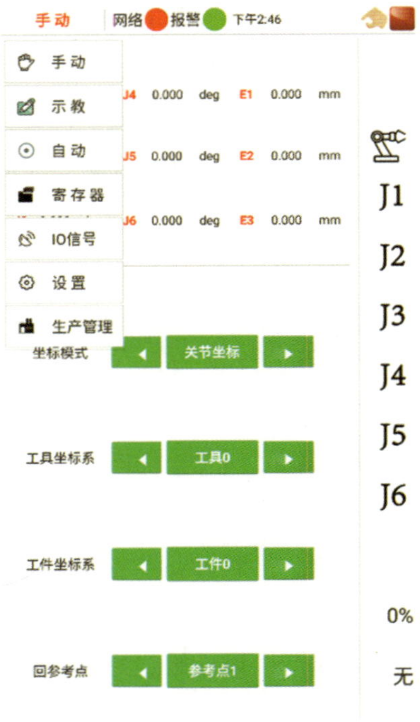
（三）手动操作工业机器人		
工业机器人的启动	闭合实验室电源总开关，将工业机器人电源开关置于 ON 位置，电源指示灯亮，系统上电。然后释放机器人电控柜上的急停开关和示教器操作面板上的急停开关（按急停开关上的箭头指示方向右旋）。	

工业机器人的单轴运动	当坐标模式选择“关节坐标”时，可以利用示教器控制机器人的单轴运动。 连续模式下，长按“J1+”或“J1-”等按钮时，相应的轴会独立地正向或反向运动。 增量模式下，点击“J1+”或“J1-”等按钮时，会使相应的轴运动指定的步长，与按下的时间长短无关。	
关节坐标系	关节坐标系使用的坐标（J1、J2、J3、J4、J5、J6）由机器人的 6 个关节位置角度组成。 6 个关节相对于关节零点偏移的角度值构成的坐标系即关节坐标系。如右图所示，即 0°、90°、0°、0°、–90°、0°。	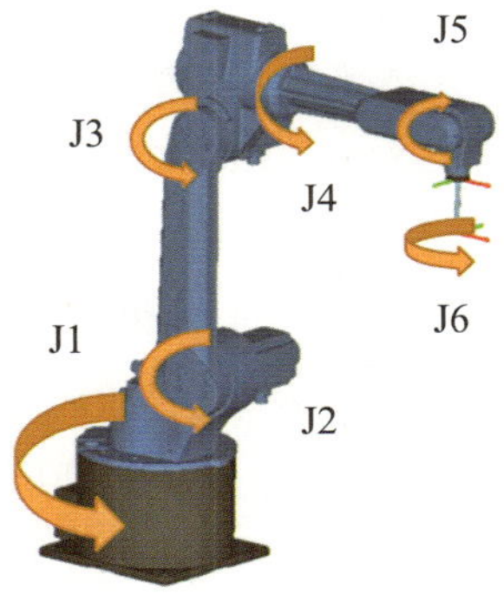
工件坐标系	工件坐标系可用于在相同工件、相同路径的前提下进行复制加工。 例如，在平面内的两张一样的 A4 纸（工件）上完成右图所示的加工轨迹。 可以同时建立多个工件坐标系。 工件坐标系设定	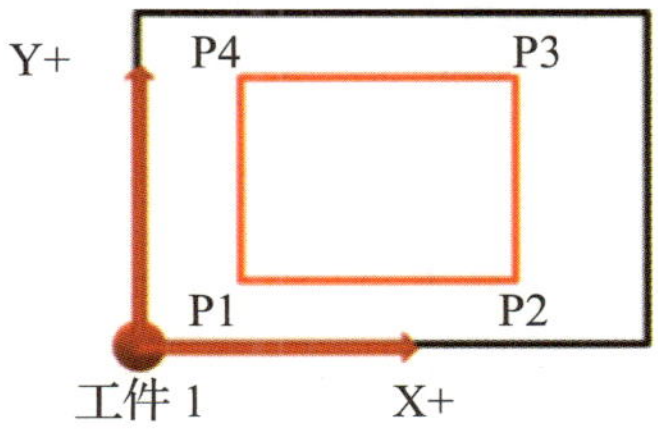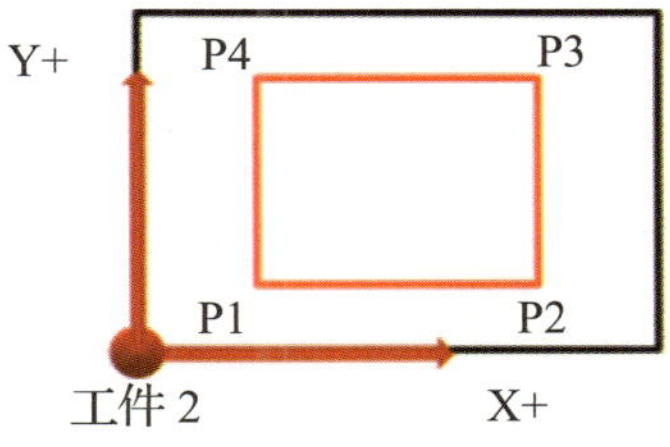

工业机器人的笛卡尔运动	当坐标模式选择“基坐标”“工具坐标”“工件坐标”时，可以利用示教器控制机器人的笛卡尔运动。 连续模式下，长按“X,Y,Z”按钮，可以控制工具中心点沿着选定坐标系做正向或反向的线性运动，长按“A,B,C”按钮，可以控制工具中心点沿着选定坐标系的轴做正向或反向的旋转运动。 增量模式下，点击“X,Y,Z,A,B,C”按钮，可以控制工具中心点运动指定的步长，与按下的时间长短无关。	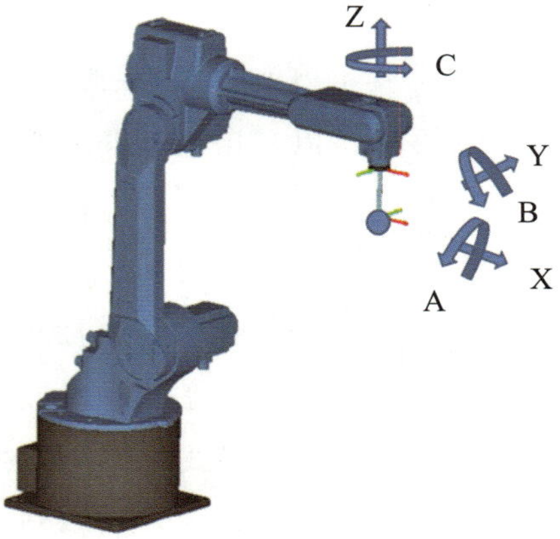
（四）基本运动指令		
关节定位指令（J）	关节定位是移动机器人各关节到达指定位置的基本动作模式。独立控制各个关节同时运动到目标位置，即机器人以指定进给速度，沿着（或围绕）所属轴的方向，同时加速、减速或停止。工具的运动路径通常是非线性的，在两个指定的点之间任意运动。以最大进给速度的百分数作为关节定位的进给速度，其最大速度由参数设定，程序指令中只给出实际运动的倍率，关节定位过程中没有控制被驱动工具的姿态。 指令示例：J P[0] 100% FINE 指令注释：机器人工具以最大进给速度的 100% 采用关节定位的方式从起始点移动至目标点 P[0]。 指令说明如下： （1）J：关节定位指令。 关节 J 运动	 1：J P[1] 100% FINE 2：J P[2] 100% FINE 

关节定位指令（J）	（2）P[0]：位置数据，指定运动的目标位置。在进行运动指令示教时，位置数据也同时被写入程序文件。关节坐标系下的位置数据用每个关节的角度位置定义，关节坐标系位于每个关节的基准面。关节坐标系下的关节坐标位置数据为（J1、J2、J3、J4、J5、J6），没有姿态信息。复制指令时，位置及相关信息也一同被复制。 （3）100%：进给速度，指定机器人运动的进给速度。进给速度的单位取决于指令类型，当动作类型为关节定位时，制定最大进给速度的百分率，范围是 1% ～ 100%。在程序执行过程中，进给速度可以通过倍率进行修调。倍率值的范围是 0% ～ 150%。 （4）FINE：运动精确定位，机器人在目标位置停止后，向下一个目标位置移动。 （5）CNT：圆弧过渡，CNT 后的数值为过渡误差，该数值的取值范围为 0 ～ 100。CNT0 等价于 FINE。 指定 CNT 定位路径时，机器人逼近一个目标点，但是不停留在这个目标点上，而是向下一个目标点移动。其取值为逼近误差。例如，CNT50 表示目标 P[2] 点到机器人实际运行路径的最短距离为 50mm。 注意：如果需要准确到点后再向下一个点位运动，命令语句后的参数应设为 FINE。	 1：J P[1] 100% FINE 2：J P[2] 100% CNT100 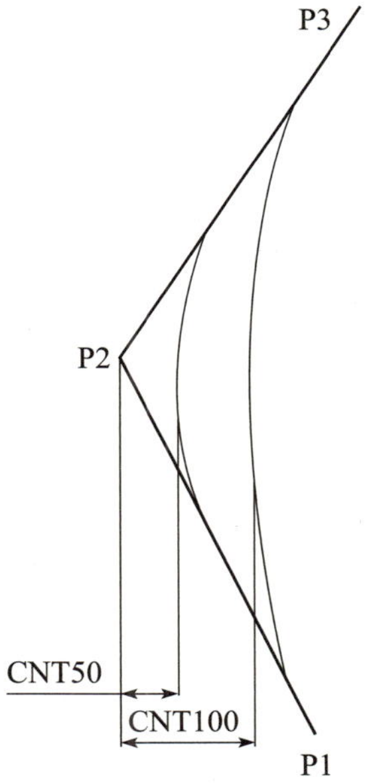

<table>
<tr>
<td rowspan="2">直线运动指令（L）</td>
<td>直线运动是机器人工具以线性运动的方式运动至目标点，运动路径为当前点与目标点确定的一条直线，运动路径唯一，常用于机器人在工作状态移动。
指令示例：L P[1] 100mm/sec FINE
指令注释：机器人工具以 100mm/sec 的速度采用直线运动方式移动至目标点 P[1]。
指令说明如下：
（1）L：直线运动指令。
（2）P[1]：位置数据，指定运动的目标位置。
（3）100mm/sec：进给速度，指定机器人运动的进给速度。由程序指令直接指定，单位可为 mm/sec、cm/min、inch/min，最大值由参数限制，通过区别起点和终点时的姿态来控制被驱动工具的姿态。</td>
<td>
1：J P[1] 100% FINE
2：L P[2] 100mm/sec FINE
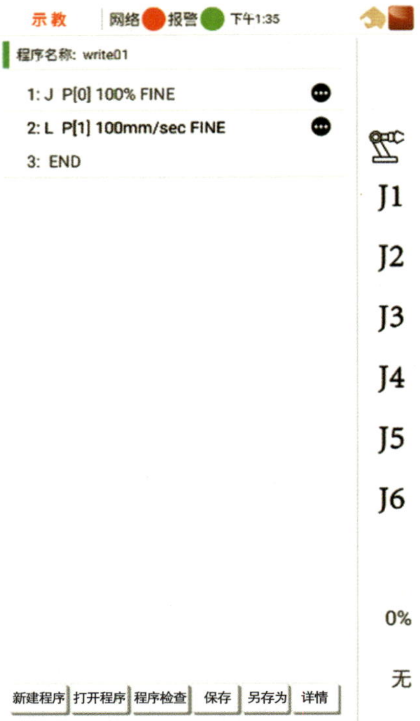</td>
</tr>
<tr>
<td colspan="2">1. 加速倍率（ACC）
该指令用于指定运动过程中的加速度的倍率。ACC 后紧跟数字，表示加速度的倍率。如 ACC80，即 80% 的加速度。降低加速倍率时，加速时间会变长（加速和减速缓慢完成）。提高加速倍率时，加速时间会变短（加速和减速快速完成）。
从起点到目标点，用于执行动作的时间取决于加速倍率。加速倍率值的范围为 1% ～ 2000%。在目标位置处添加加速倍率。
注：加速倍率过大，机器人可能会剧烈颤动，从而引起伺服报警。此时，要么减小加速倍率值，要么删除加速倍率指令。</td>
</tr>
</table>

直线运动指令（L）	示例： J P1 100% FINE L P2 100mm/sec FINE ACC80 机器人以系统参数设置的加速度 80% 从零速加速到 100mm/sec **2. 增量指令（INC）** 增量指令将运动指令中的位置数据用作当前位置的增量，即增量指令中的位置数据为机器人移动的增量。 例如： J P1 100% FINE P1 点坐标：（50，50，50，0，0，0） J P2 100% FINE P2 点坐标：（100，100，100，0，0，0）	
圆弧运动指令（C）	圆弧运动是机器人工具以圆弧移动的方式运动至目标点，需要当前点、中间点和目标点三点决定一段圆弧，运动路径唯一。 指令示例：C P[2]P[3] 100mm/sec CNT100 指令注释：机器人工具以 100mm/sec 的速度采用圆弧运动的方式通过中间点 P[2] 移动至目标点 P[3]。 指令说明如下： （1）C：圆弧运动指令。 （2）P[2]、P[3]：位置数据，指定运动的中间位置和目标位置。 （3）CNT：连续定位，根据 CNT 定位类型，机器人靠近目标位置，但是不在该位置停顿，机器人走 CNT 定位类型的点位时近似走了一个倒角。机器人速度一定时，CNT 值越大，倒角越大。	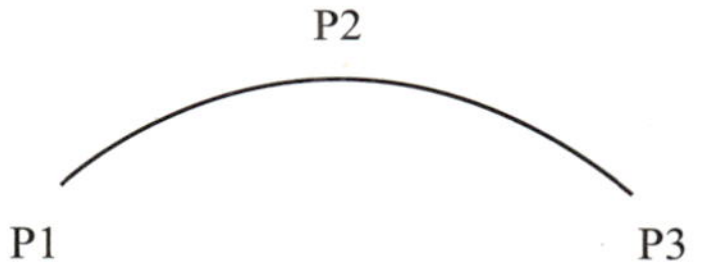 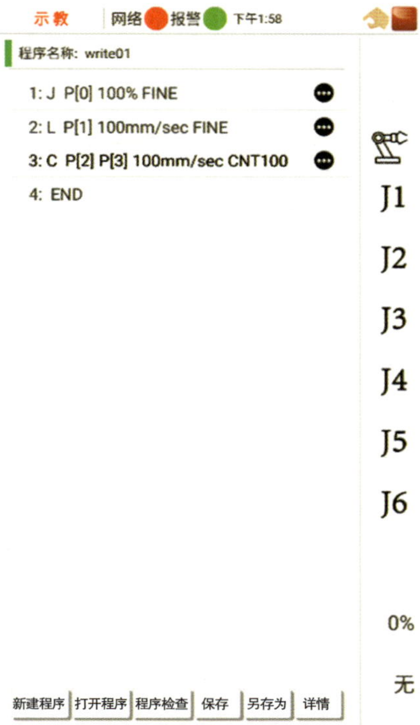

二、任务实施

（一）任务说明

本次任务是利用示教器编制工业机器人夹持记号笔写“电”字的示教程序。

要求：（1）在基坐标下进行编程。

（2）所有示教点准确无误。

（3）程序运行流畅。

（4）程序结束后机器人返回参考点。

电

（二）任务分析

要完成写字程序的示教编程，需经过5个主要环节，包括运动规划、示教前的准备、示教、编程、程序测试。

运动规划是分层次的，先进行高层的任务规划，再进行动作规划，然后进行手部的路径规划。任务规划将任务分解为一系列子任务；动作规划将每一个子任务分解为一系列动作；路径规划将每一个动作分解为手部的运动轨迹。

示教编程时，需使用示教器控制机器人到达目标点，然后才能示教取点。

程序编好后，必须进行测试，测试成功才能开始写字。

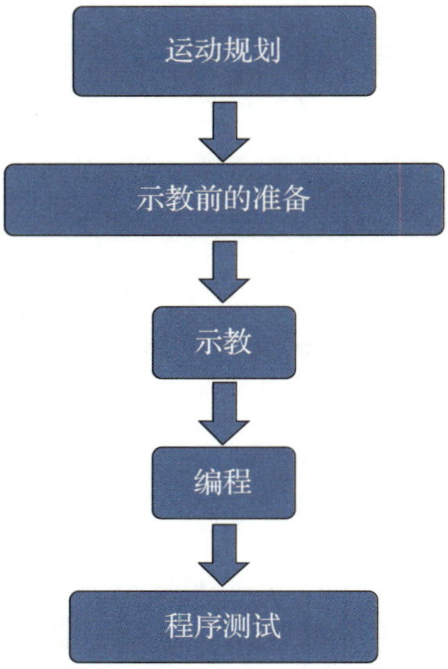

（三）准备工作

1. 运动规划

机器人写字动作可分解成“起笔上方”“下笔”“抬笔”等一系列子任务，并进一步分解为“移到写字板上方”“移动贴近写字板”“下笔在写字板上”“下笔到安全位置”等一系列动作。

2. 示教前的准备

示教过程中，需要在某个坐标模式下，选择适当的运动方式，手动控制机器人到达指定位置。

因此，在示教运动指令前必须设定好坐标模式和运动模式，如果坐标模式为“基坐标”或“工具坐标”，还需选定相应的坐标系。

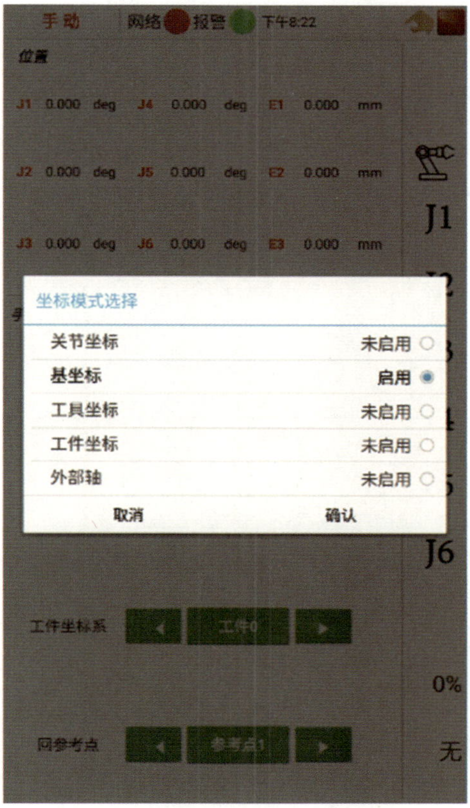

（四）示教编程

程序建立及运行

1. 示教

步骤 1：点击示教器左上角的“手动”，选择“示教”。

步骤 2：在打开的窗口左下角选择“新建程序”。

步骤 3：在弹出的窗口中输入程序名（程序名只能为字母和数字，且以字母开头，2～30 个字符）。

2. 程序编写

在新创建的程序中开始编程，例如，第一步需要机器人返回参考点。

步骤 1：点击“END”，选择运动指令。

步骤 2：在打开的界面中选择 J 指令，并编辑相应信息。

步骤 3：操纵工业机器人，使其工具位置位于参考点。

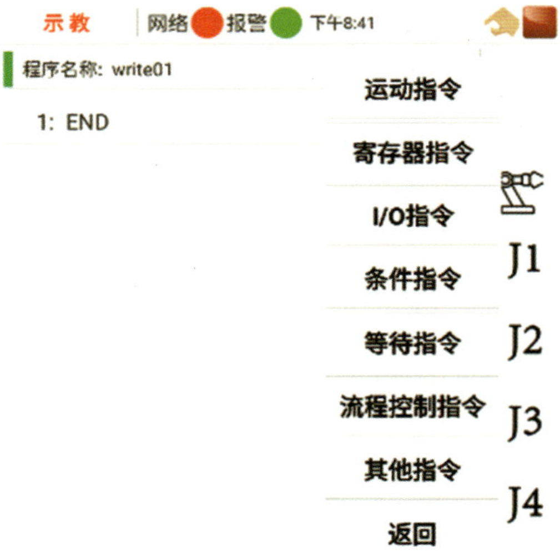

步骤 4：保存当前位置到运动指令。点击程序段后的⊙，再点击修改位置，在弹出的窗口中点击“点此确认刷新坐标”，然后点击“确认”。（注意：刷新坐标时，如果坐标类型显示“关节”，则记录机器人当前点的各个关节的坐标值，并保存在 P[0] 中；如果坐标类型显示“直角”，则记录机器人工具当前点在当前笛卡尔坐标系下的坐标值，并保存在 P[0] 中）。

此时，P[0] 点已经被记录为参考点的位置，第一个程序段编辑完成。

继续利用 J、L、C 指令按照任务中的“电”字笔画顺序示教轨迹点，进行工业机器人的示教编程。

所有程序语句编辑完成之后，点击“保存程序”结束程序的编制。

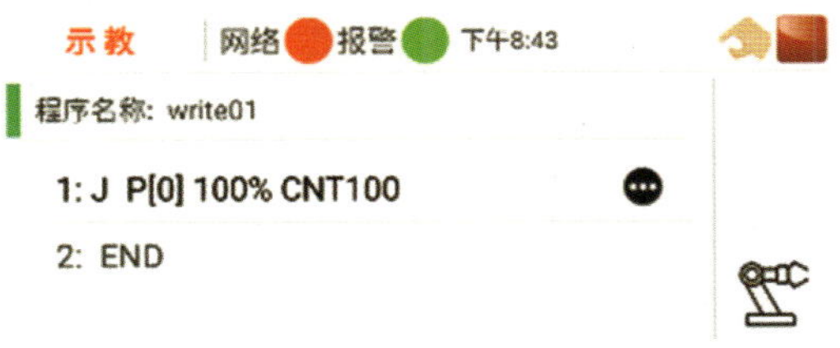

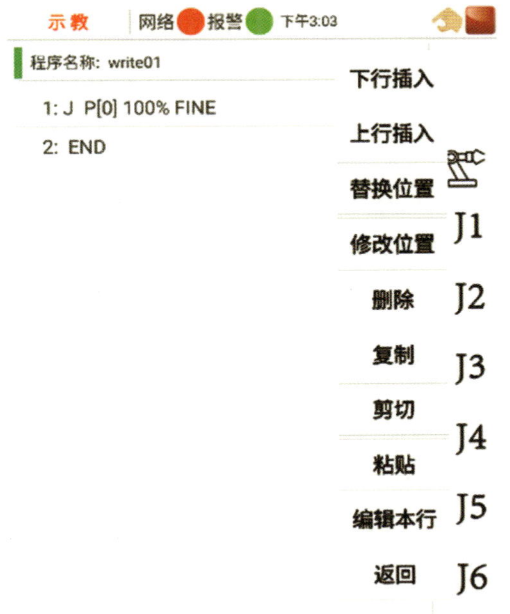

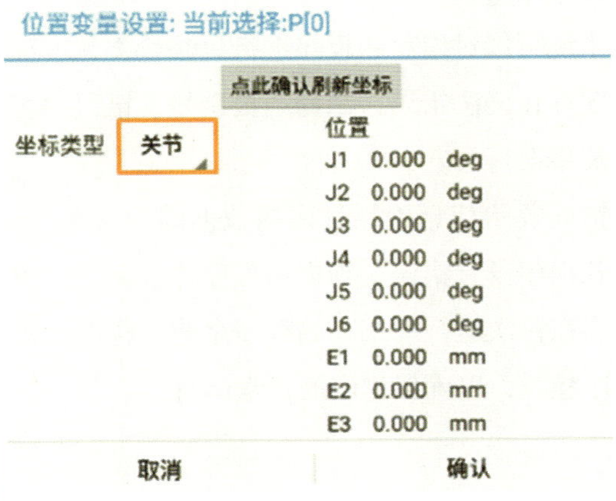

3. 程序编辑

工业机器人控制系统提供了两种编辑程序的方式：短按和长按。

（1）行内编辑（短按）。

短按任一行（即点击）程序语句（最后一行“END”除外），可对该行程序段的内容进行编辑。

（2）行编辑（长按）。

长按任一行程序语句，或按该行后的●，可对该行程序段进行整体操作，包括下行插入、上行插入、替换位置、修改位置、删除、复制、剪切、粘贴、编辑本行等。

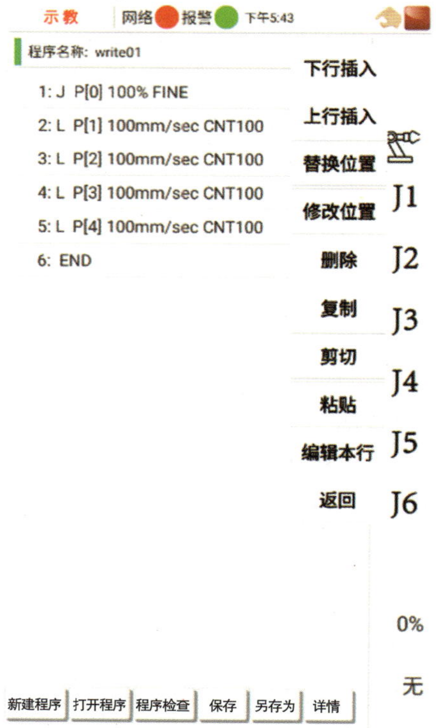

4. 程序检查

系统可以对编写的程序进行语法检查，若程序存在语法错误，则提示报警号、错误内容及错误行号。

错误提示信息中括号内的数据即为报警号。若程序没有错误，则提示程序检查完成。用户在首次运行新编写的程序之前，应进行程序检查，以确保程序的正常运行。

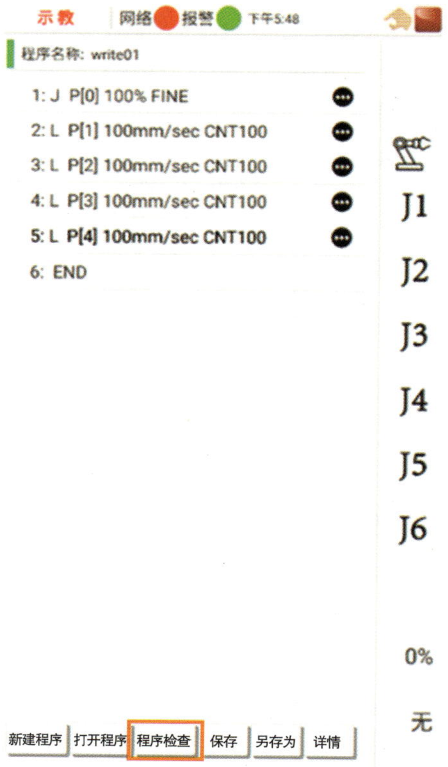

（五）程序测试

在自动运行模式下可以运行机器人程序。任何程序必须先加载到内存中才能运行。

步骤 1：加载程序。

用户可选择并加载现有的程序文件，启动加载的程序后，机器人会根据程序文件的内容执行相应的动作。点击主菜单中的“自动”按钮后，在弹出的窗口中选择“加载程序”，然后选择需加载的程序文件，点击“确认”按钮后即可完成加载。

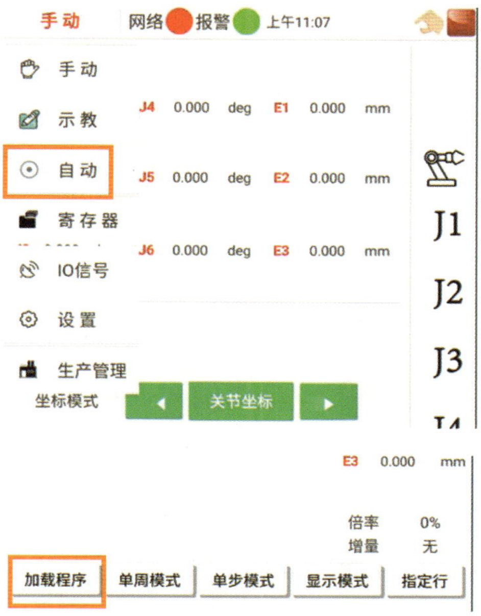

步骤 2：自动运行程序。

示教器正面面板左侧的“启动 / 暂停”按钮和“停止”按钮可控制程序运行的启、停。“连续 / 单步”按钮和“单周 / 循环”按钮可设置程序自动运行的方式。选择单步运行模式，系统会在运行完一行程序后停止；若选择连续运行模式，系统会连续运行完程序。选择单周运行模式，系统会在运行完当前程序后停止；若选择循环运行模式，系统运行完程序后，会再次从程序首行开始运行。

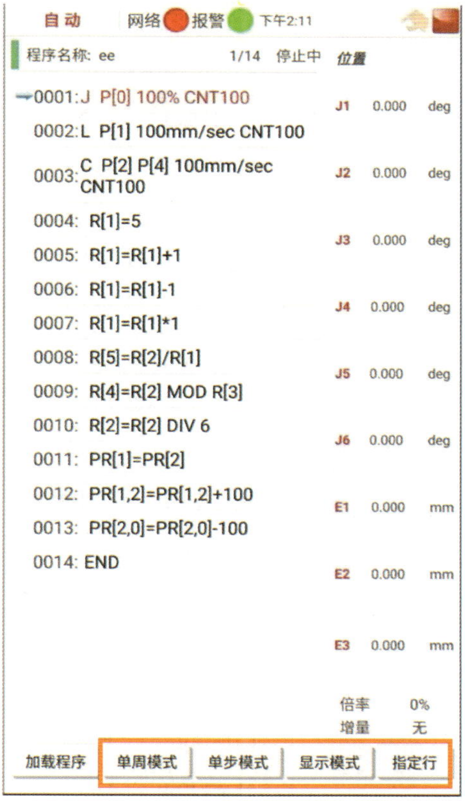

三、样例程序

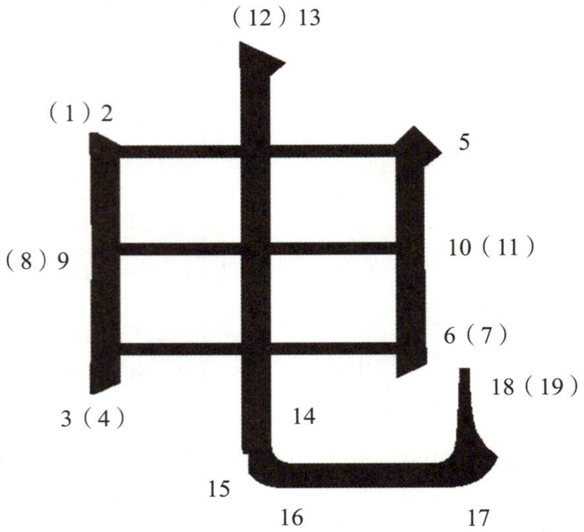

写字程序示例	J P[0] 100% FINE；	关节运动方式，机器人返回参考点
	J P[1] 100% FINE；	第一笔起笔上方
	L P[2] 100mm/sec FINE；	第一笔起笔
	L P[3] 100mm/sec FINE；	第一笔尾
	L P[4] 100mm/sec FINE；	抬笔
	L P[1] 100mm/sec FINE；	第二笔起笔上方
	L P[2] 100mm/sec FINE；	第二笔起笔
	L P[5] 100mm/sec FINE；	第二笔尾
	L P[6] 100mm/sec FINE；	竖
	L P[7] 100mm/sec FINE；	抬笔
	L P[8] 100mm/sec FINE；	第三笔起笔上方
	L P[9] 100mm/sec FINE；	第三笔起笔
	L P[10] 100mm/sec FINE；	第三笔尾
	L P[11] 100mm/sec FINE；	抬笔
	L P[4] 100mm/sec FINE；	第四笔起笔上方
	L P[3] 100mm/sec FINE；	第四笔起笔
	L P[6] 100mm/sec FINE；	第四笔尾
	L P[7] 100mm/sec FINE；	抬笔
	L P[12] 100mm/sec FINE；	第五笔起笔上方

写字程序示例	L P[13] 100mm/sec FINE； L P[14] 100mm/sec FINE； C P[15]P[16] 100mm/sec CNT100； L P[17] 100mm/sec FINE； L P[18] 100mm/sec FINE； L P[19] 100mm/sec FINE； J P[0] 100% FINE； END；	第五笔起笔 竖 弯 横 第五笔尾 抬笔 关节运动方式，机器人返回参考点 程序结束

四、考核与评价

序号	评估内容	自评	互评	师评
基本素养（30 分）				
1	纪律（无迟到、早退、旷课）（10 分）			
2	安全规范操作（10 分）			
3	参与度，团队协作能力，沟通交流能力（10 分）			
理论知识（20 分）				
1	程序指令格式（10 分）			
2	写字程序编写的掌握程度（10 分）			
技能操作（50 分）				
1	程序新建、编辑、加载（10 分）			
2	关节位置数据记录（10 分）			
3	写字程序编写（10 分）			
4	程序校验（10 分）			
5	程序运行示教（10 分）			
综合评价				

任务 2 工业机器人木门雕刻程序的编制

<table>
<tr><td>工作任务</td><td>工业机器人木门雕刻程序的编制</td><td>教学模式</td><td>任务驱动</td></tr>
<tr><td>建议学时</td><td>4 学时</td><td>教学地点</td><td>机器人实验室</td></tr>
<tr><td>任务描述</td><td colspan="3">通过对 HSR-6 工业机器人木门雕刻编程的学习，熟练掌握 J、L、C 运动指令，并能够利用等待指令对工业机器人运动的节拍进行调节。</td></tr>
<tr><td>素养提升</td><td colspan="3">（1）培养严谨端正的学习态度、求真务实的工作作风，努力成为新时期具体匠心精神的优秀技术人才。
（2）培养民族自豪感，坚定文化自信。
（3）培养沟通交流、团队协作的意识，养成自我学习的习惯，具备分析与解决实际问题的能力。</td></tr>
<tr><td>技能目标</td><td colspan="3">（1）能够熟练运用 HSR-6 工业机器人的运动指令。
（2）能够熟练运用 HSR-6 工业机器人的等待指令。
（3）能使用 HSR-6 工业机器人基本指令正确编制木门雕刻程序。</td></tr>
<tr><td>设备器材</td><td colspan="3">华数六轴工业机器人（HSR-6）</td></tr>
<tr><td>学习思路</td><td colspan="3">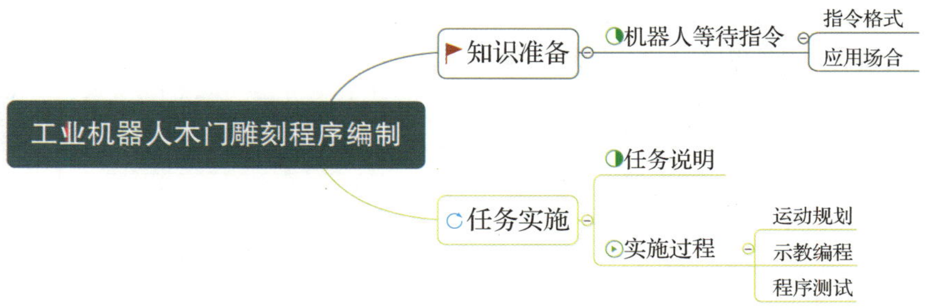
</td></tr>
</table>

一、知识准备

等待指令（WAIT）

指令格式：WAIT (value) sec

指令注释：用于在一个指定的时间段，或者某个条件满足时的时间段结束程序。

指令说明如下：

（1）WAIT：等待指令。

（2）value：取常数（constant）。

应用场合：需要调节运动节拍时使用。

WAIT 等待指令

二、任务实施

（一）任务说明

本次任务是利用示教器编制工业机器人夹持刀具雕刻木门的示教程序，雕刻图案如右图所示。

要求：（1）在基坐标下进行编程。

（2）所有示教点准确无误。

（3）程序运行流畅。

（4）程序结束后机器人返回参考。

（二）任务分析

要完成木门雕刻程序的示教编程，需经过 5 个主要环节，包括运动规划、示教前的准备、示教、编程、程序测试。

示教编程时，需使用示教器控制机器人到达目标点，然后才能示教取点。

程序编好后，必须进行测试，测试成功才能开始雕刻。

（三）准备工作

1. 运动规划

机器人雕刻木门动作可分解成“切削起点上方”“下刀”“切削”“抬刀”等一系列子任务，并进一步分解为“移到木门上方”“移动贴近木门”“下刀在木门上”“切削”“抬刀到安全位置”等一系列动作。

机器人夹持的刀具的旋转不由机器人程序控制，编程时暂不考虑。

2. 标定任务点

在任务轨迹点较多的情况下，使用示教方式编程时，可以先将重要轨迹点的位置标定出来。

图案外轮廓轨迹点的标定效果如右图所示，括号中的点表示抬刀位置，不带括号的点是实际切削位置。

三、样例程序

木门雕刻程序示例

J P[0] 100% FINE;

关节运动方式，机器人返回参考点

J P[1] 100% FINE;

到达木门切削点上方

L P[2] 100mm/sec FINE;

到达起始切削点 P[2]

C P[3]P[4] 100 mm/sec FINE;

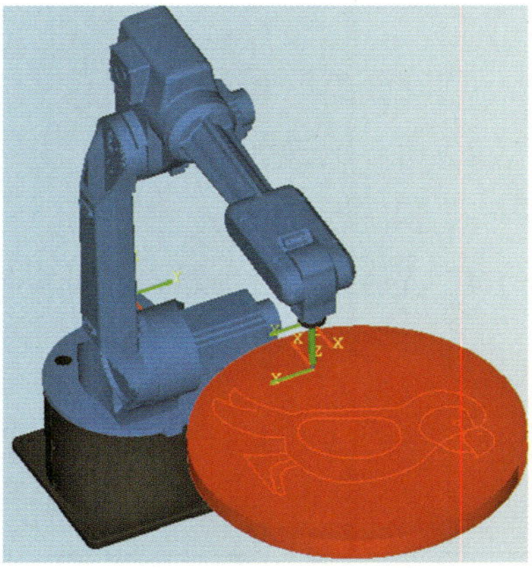

木门雕刻程序示例	切削 P[2]P[3]P[4] 圆弧 L P[5] mm/sec FIN三; 切削 P[4]P[5] 线段 C P[6]P[7] 100 mm/sec FINE; 切削 P[5]P[6]P[7] 圆弧 C P[8]P[9] 100 mm/sec FINE; 切削 P[7]P[8]P[9] 圆弧 L P[10] mm/sec FINE; 切削 P[9]P[10] 线段 L P[11] mm/sec FINE; 抬刀 L P[12] mm/sec FINE; L P[13] mm/sec FINE; 下刀 L P[14] mm/sec FINE; 切削 P[13]P[14] 线段 C P[15]P[16] 100mm/sec FINE; 切削 P[14]P[15]P[16] 圆弧 C P[17]P[18] 100mm/sec FINE; 切削 P[16]P[17]P[18] 圆弧 L P[19] mm/sec FINE; 切削 P[18]P[19] 线段 C P[20]P[2] 100mm/sec FINE; 切削 P[19]P[20]P[2] 圆弧 L P[1] mm/sec FINE;	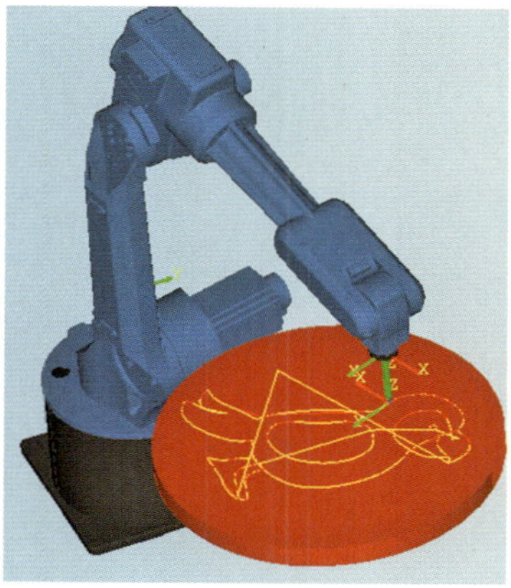  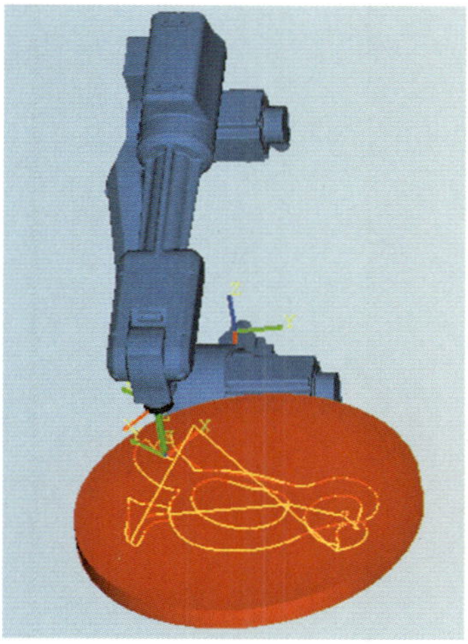

木门雕刻程序示例	抬刀 C P[21]P[22] 100mm/sec FINE C P[23]P[24] 100mm/sec FINE L P[20] mm/sec FINE L P[25] mm/sec FINE L P[26] mm/sec FINE L P[27] mm/sec FINE L P[19] mm/sec FINE L P[28] mm/sec FINE L P[29] mm/sec FINE L P[30] mm/sec FINE；	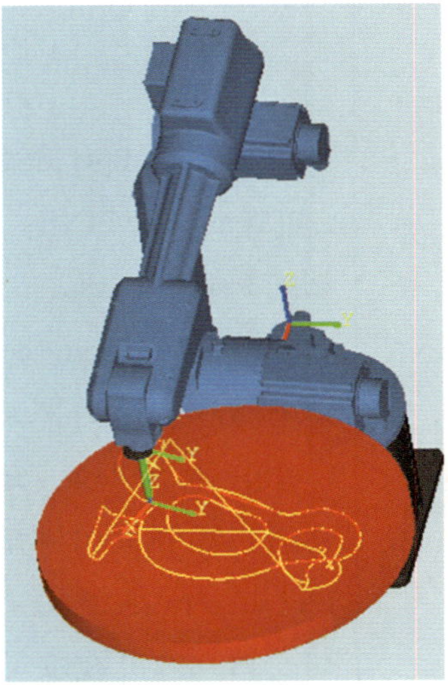  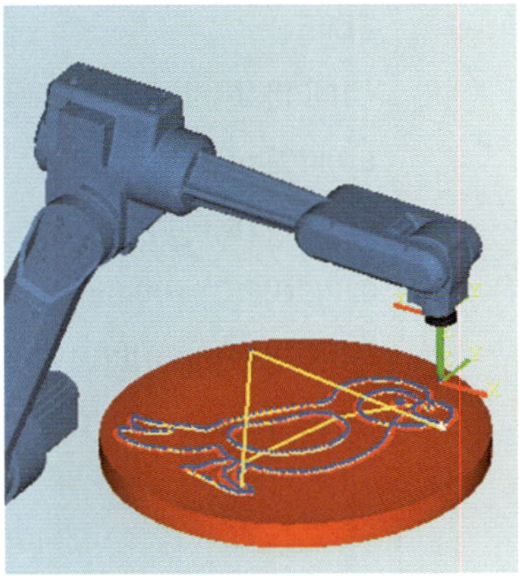

木门雕刻程序示例	切削眼睛 WAIT 2 sec； 等待 2s L P[29] mm/sec FINE L P[31] mm/sec FINE L P[32] mm/sec FINE C P[33]P[34] 100mm/sec FINE C P[35]P[19] 100mm/sec FINE L P[28] mm/sec FINE L P[36] mm/sec FINE L P[37] mm/sec FINE；	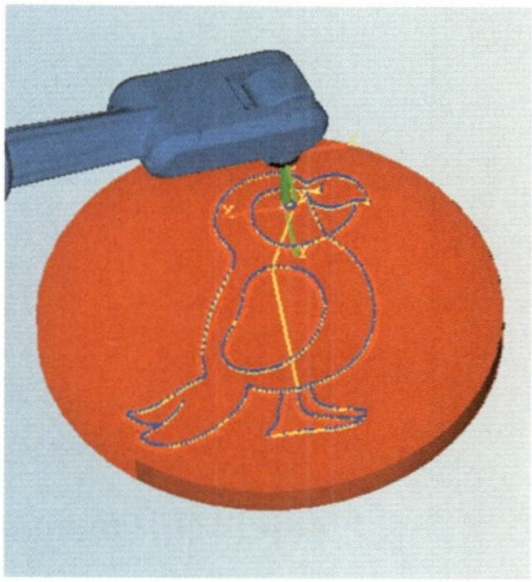  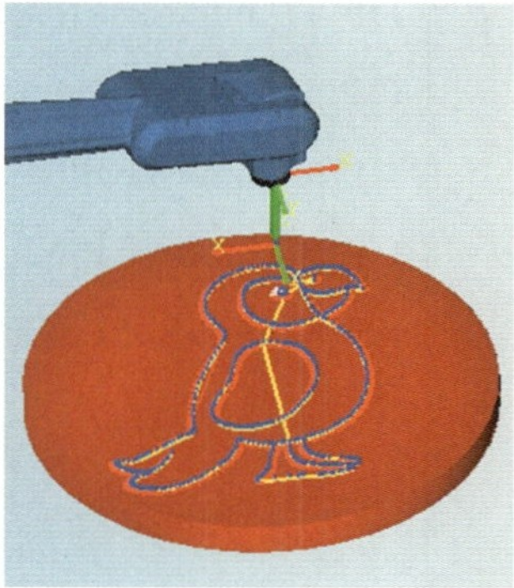

木门雕刻程序示例	切削翅膀 C P[38]P[39] 100mm/sec FINE C P[40]P[41] 100mm/sec FINE C P[42]P[43] 100mm/sec FINE C P[44]P[37] 100mm/sec FINE L P[36] mm/sec FINE L P[45] mm/sec FINE L P[46] mm/sec FINE； 切削脚 C P[47]P[48] 100mm/sec FINE L P[49] mm/sec FINE L P[50] mm/sec FINE C P[51]P[52] 100mm/sec FINE L P[53] mm/sec FINE L P[54] mm/sec FINE L P[55] mm/sec FINE L P[56] mm/sec FINE L P[57] mm/sec FINE C P[58]P[59] 100mm/sec FINE L P[60] mm/sec FINE L P[61] mm/sec FINE L P[62] mm/sec FINE；	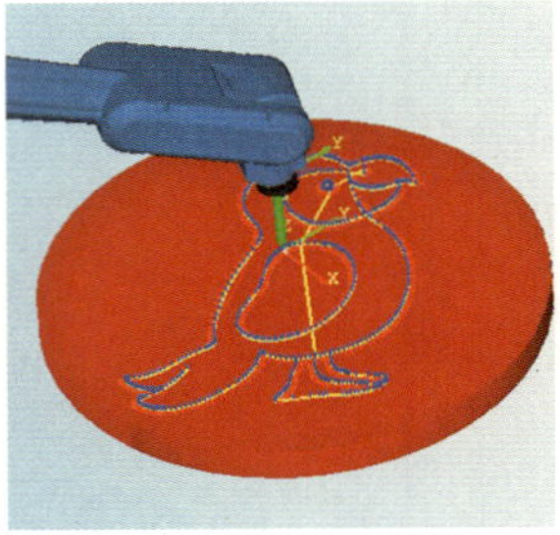  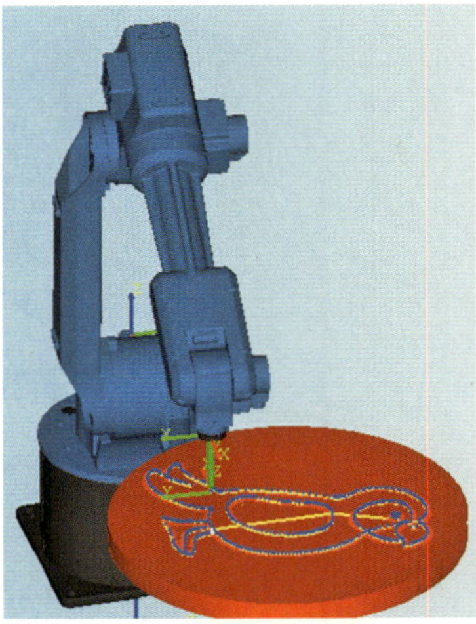

木门雕刻程序示例	切削结束，抬刀 J P[0] 100% FINE; 关节运动方式，机器人返回参考点 END	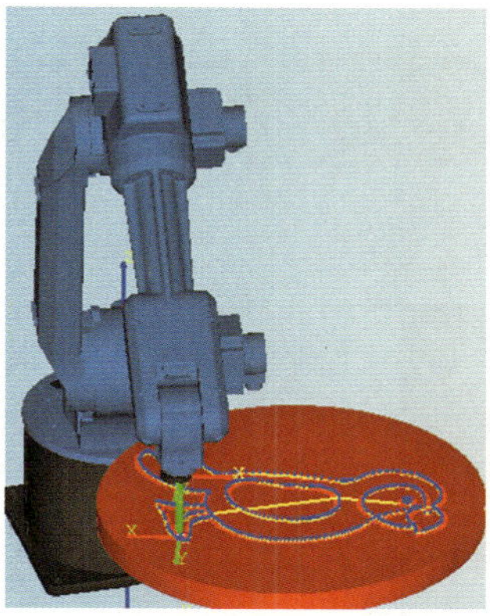

四、考核与评价

序号	评估内容	自评	互评	师评
基本素养（30分）				
1	纪律（无迟到、早退、旷课)(10分)			
2	安全规范操作（10分）			
3	参与度，团队协作能力，沟通交流能力（10分）			
理论知识（20分）				
1	程序指令格式（10分）			
2	雕刻程序编写的掌握程度（10分）			
技能操作（50分）				
1	程序新建、编辑、加载（10分）			
2	关节位置数据记录（10分）			
3	雕刻程序编写（10分）			
4	程序校验（10分）			
5	程序运行示教（10分）			
综合评价				

任务 3 工业机器人简单搬运程序的编制

<table>
<tr><td>工作任务</td><td>工业机器人简单搬运程序的编制</td><td>教学模式</td><td>任务驱动</td></tr>
<tr><td>建议学时</td><td>6 学时</td><td>教学地点</td><td>机器人实验室</td></tr>
<tr><td>任务描述</td><td colspan="3">通过对搬运程序的示教编程并实现工件的搬运，理解机器人运动指令、IO 指令、延时指令等，并在应用指令的过程中熟悉位置数据和定位路径的设置过程；掌握任务分析、运动规划、路径规划的方法；了解程序示教、程序保存、程序加载运行的操作过程。</td></tr>
<tr><td>素养提升</td><td colspan="3">（1）培养严谨端正的学习态度、求真务实的工作作风，努力成为新时期具体匠心精神的优秀技术人才。
（2）培养民族自豪感，坚定文化自信。
（3）培养沟通交流、团队协作的意识，养成自我学习的习惯，具备分析与解决实际问题的能力。</td></tr>
<tr><td>技能目标</td><td colspan="3">（1）能够根据搬运任务进行工业机器人运动规划。
（2）能够灵活运用工业机器人的相关编程指令，使用示教器完成搬运程序的示教。
（3）能够完成搬运程序的调试和自动运行。</td></tr>
<tr><td>设备器材</td><td colspan="3">华数六轴工业机器人（HSR-6）</td></tr>
<tr><td>学习思路</td><td colspan="3">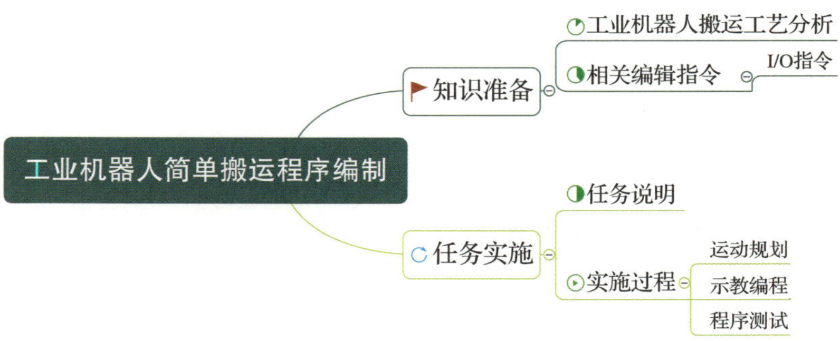
</td></tr>
</table>

一、知识准备

（一）工业机器人搬运工艺分析

机器人搬运是指物料在生产工序、工位之间进行运送转移，以保证连续生产的搬运作业。搬运时应采用科学合理的搬运方式和方法，不断进行搬运分析，改善搬运作业，避免产品在搬运过程中因搬运手段不当造成磕、碰、伤，从而影响产品质量。为了有效地组织好物料搬运，必须遵循以下搬运原则：

（1）物料移动产生的时间和地点要有效，否则移动毫无意义，不能实现增值，反而会造成浪费。

（2）移动物料前，需要对物料的尺寸、形状、重量、条件，以及移动路径和频度进行分析，还需要考虑传送带和建筑物的约束，如地面负荷、立柱空间、场地净高等。

（3）不同的物料需要选择合适的搬运方法、搬运工具和搬运轨迹。

（4）可以采用先进的技术手段提高搬运效率。如采用自动识别系统，有助于物料搬运系统对正确物料的抓取、摆放控制，出错率低，速度快，精度高。

（5）搬运时应按顺序，优良的搬运路线可以减少机器人搬运工作量，提高搬运效率。

（6）示教取点过程中，保证抓取工具与物料的间隙，避免碰撞、损坏物料。可在移动过程中设置中间点，提供缓冲。

（7）减少物料移动方位的不确定性，使其按期望的方位移动。对于有特殊要求的物料，尤其要考虑移动方位。

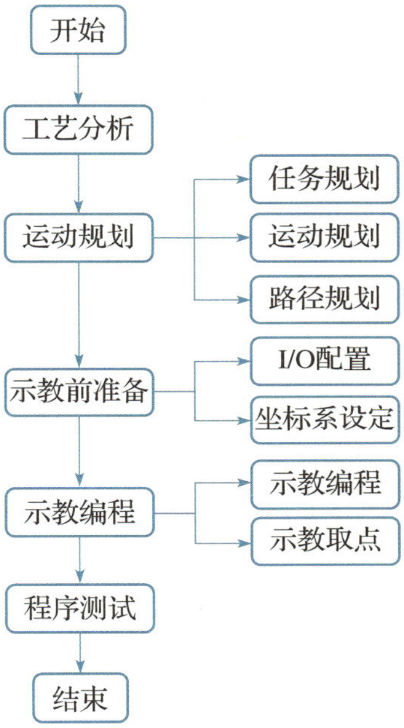

工业机器人工作流程图

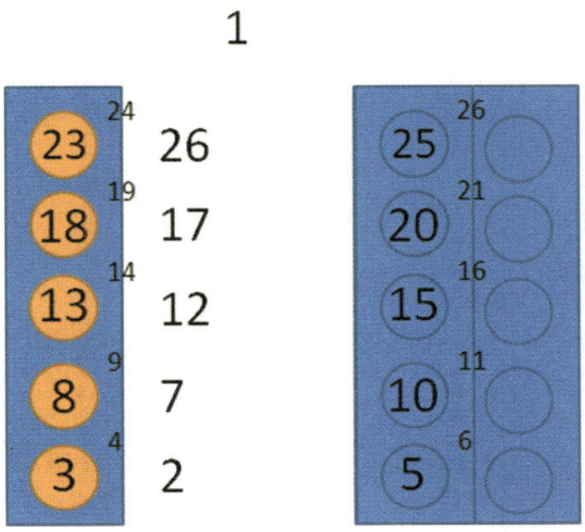

（8）在追求效率的同时，要考虑搬运质量，防止损坏物料，酌情设置快速移动和缓慢移动，合理提高搬运效率。 （9）节拍是衡量物料装配线的重要性能指标，优化节拍可以保证装配线的连续性和均衡性。减少传送带的中断时间，保证生产节拍的稳定性，保持生产连续，缩短生产周期，提高生产效率。	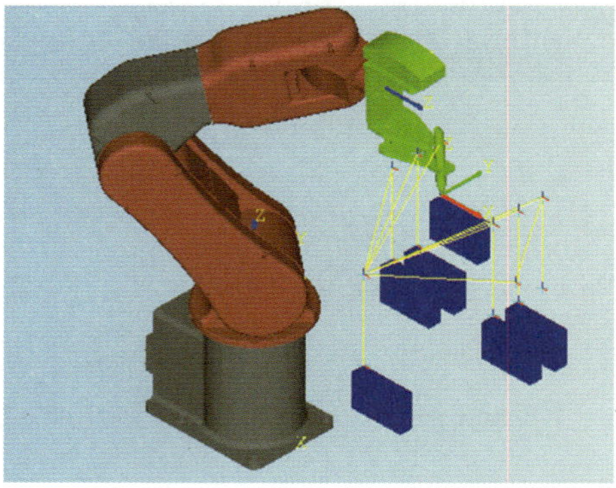

（二）I/O 指令

I/O 指令即 PLC 输入 / 输出指令，用于设置信号输出状态和读取输入信号。

1. 数字量输入 / 输出指令

（1）读操作。

数字量输入 DI(X)，数字量输出 DO(Y)。

R[i]=DI[i] 即 R[i]= X[i]

R[i]=DI[i] 指令把数字输入信号赋值给指定的 R 寄存器。

其结构为 R[i] = DI[i]

R[i] 中的 i 表示寄存器序号；DI[i] 中的 i 表示数字输入的端口号。

示例：R1=X[2.3]

（2）写操作。

DO[i]=ON/OFF 指令把 ON= 1 / OFF=0 赋值给指定的数字输出信号。

指令结构为 DO[i] = (value)

DO[i] 中的 i 表示数字输出端口号；(value) 为 ON 表示发出信号；(value) 为 OFF 表示关闭信号。

示例：Y[01.0]=ON；Y[01.1]=OFF

2. 模拟量输入 / 输出指令

模拟量输入 AI，模拟量输出 AODO[i]=ON/OFF，即 Y[i]= ON/OFF。

（1）读操作。

R[i]=AI[i] 指令将模拟输入信号赋值给指定的 R 寄存器。

指令结构为 R[i] = AI[i]

R[i] 中的 i 表示寄存器序号；AI[i] 中的 i 模拟输入端口号。

示例：R[1]= AI[10]

（2）写操作。

AO[i]=(value) 指令将数值 (value) 作为指定的模拟输出信号的值。

指令结构为 AO[i] = (value)

AO[i] 中的 i 表示模拟输出端口号；(value) 表示模拟信号的值 (constant)。

示例：AO[10] = 20

AO[i]=R[i] 指令根据指定寄存器 R 的值，设置指定的模拟输出状态。

指令结构为 AO[i] = R[i]

AO[i] 中的 i 表示模拟输出端口号；R[i] 中的 i 表示寄存器序号。

示例：AO[10] = R[2]

I/O 指令可以控制所有的开关量，如气泵的开关。

指令格式：Y[...,...]=ON/OFF

指令注释：写操作，指令把 ON=1/OFF=0 赋值给指定的数字输出信号。

指令说明如下：

（1）Y：输出信号。

（2）[...,...]：输出信号地址。

（3）ON/OFF：ON=1/OFF=0，打开 / 关闭数字输出信号。

示例：Y[1,2]=ON

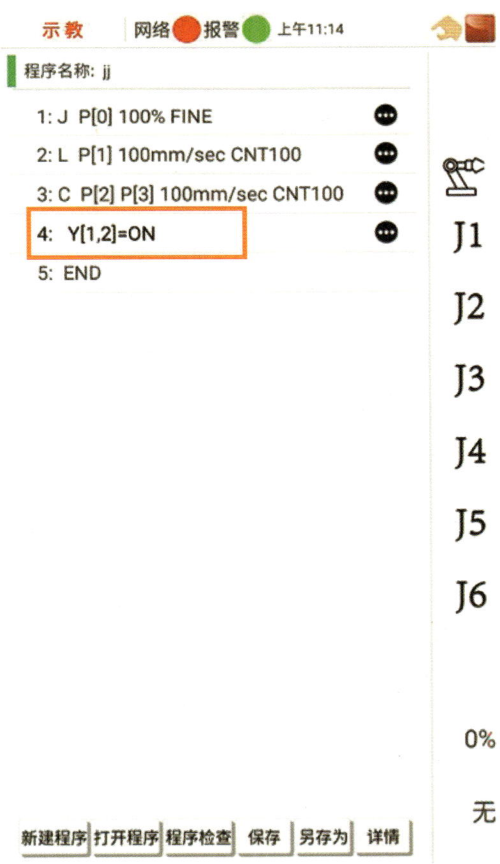

二、任务实施

（一）任务说明

本次任务是利用工业机器人在料仓 A 中依次抓取 5 个工件，然后放到料仓 B 中。需要进行任务规划、程序编制、程序调试等工作。

要求：（1）在基坐标下进行编程。

（2）所有示教点准确无误。

（3）程序运行流畅。

（4）程序结束后，机器人返回参考点。

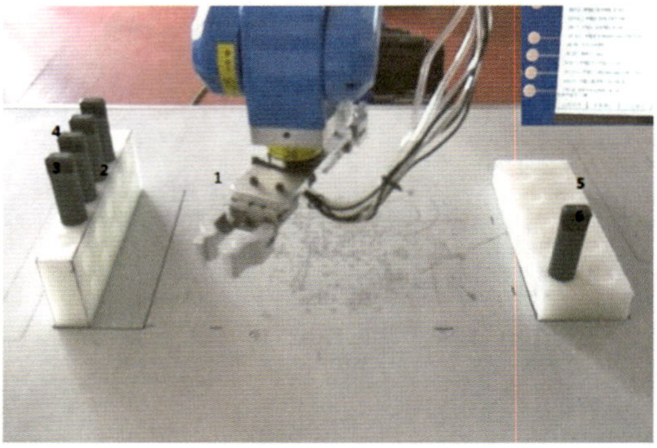

（二）准备工作

1. 运动规划

机器人搬运的动作可分解为“抓取工件”“移动工件”“放下工件”等一系列子任务，并进一步分解为“把吸盘移到工件右方”“移动夹具贴近工件”“夹紧夹具抓取工件”“抬起工件”“移动工件”等一系列动作。

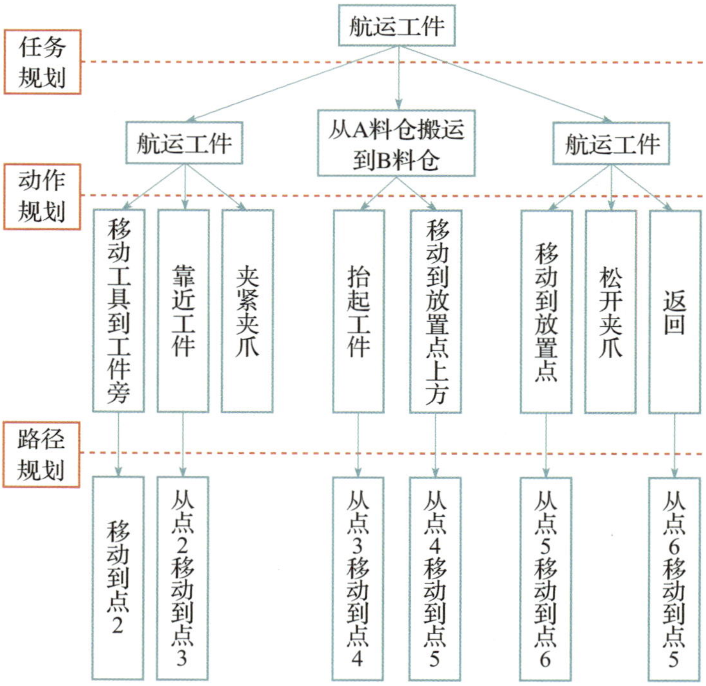

搬运任务流程图

2. I/O 配置

本任务使用气动夹爪来抓取工件，气动夹爪的打开与关闭通过 I/O 信号控制。华数机器人控制系统提供了完备的 I/O 通信接口，可以方便地与周边设备进行通信。本系统的 I/O 板提供的常用信号处理有输入信号 X 和输出信号 Y。输入 / 输出主要是对这些输入 / 输出状态进行管理和设置。

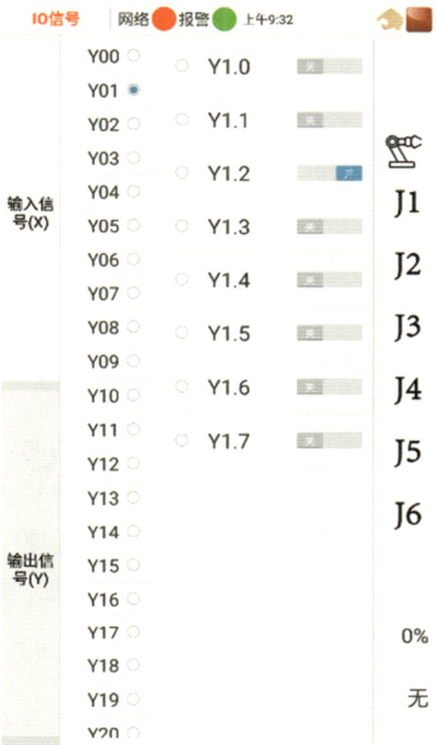

3. 坐标系设定

使用气动夹爪在料仓 A 中依次抓取 5 个工件，然后放到料仓 B 中，因为运动轨迹相对简单，示教取点较容易，所以可以在基坐标系下编程，不需要建立新的工具坐标系。

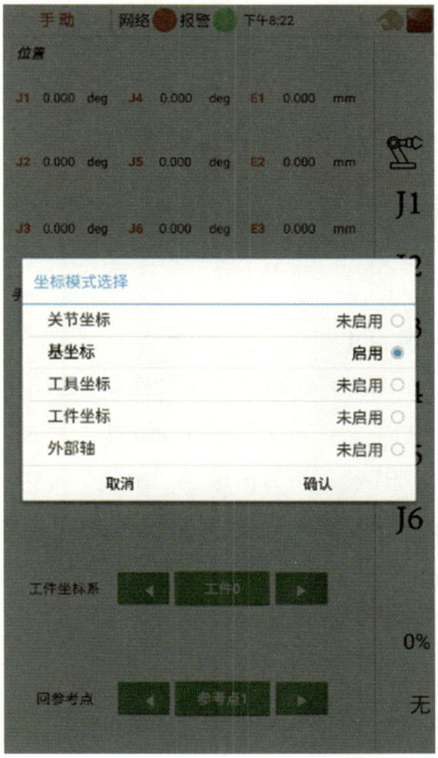

（三）示教编程

1. 新建程序

启动机器人，手动操作机器人返回参考点。在主菜单中选择“示教”，点击“新建程序”按钮，在弹出的窗口中输入程序名“banyun”，然后点击“确认”按钮，建立新程序“banyun”。

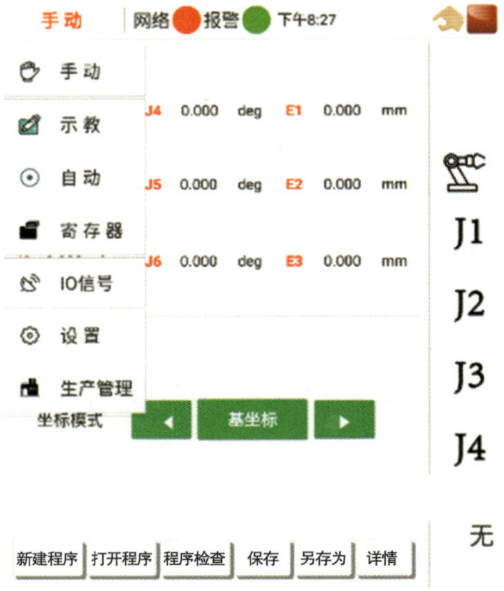

2. 示教点 1

点击“END”，选择“运动指令”按钮，在新窗口中选择“J”选项，编辑“J”指令，点击程序编辑下方区域的“确认”按钮，即可在“END”前插入示教点 1 的运动程序语句“J P[1] 100% FINE”。

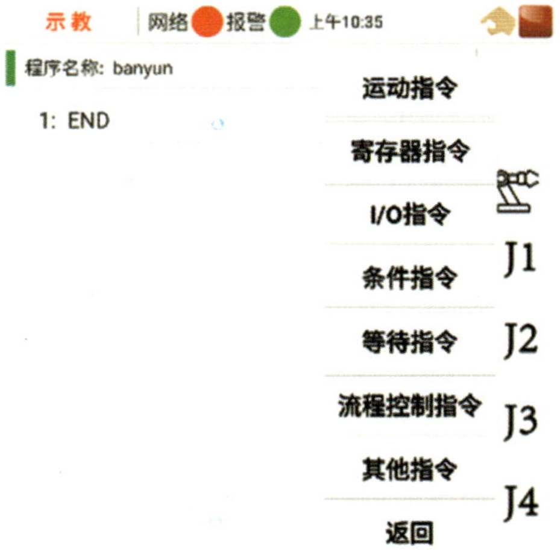

长按已建立好的程序语句“J P[1] 100% FINE”，或者点击语句后的⊖，选择“修改位置”。点击“关节”按钮，选择“直角”，手动操作机器人移动到点 1 的位置，点击“点此确认刷新坐标”并“确认”。此时坐标值已修改，说明已记录机器人当前（即第一点）的位置。

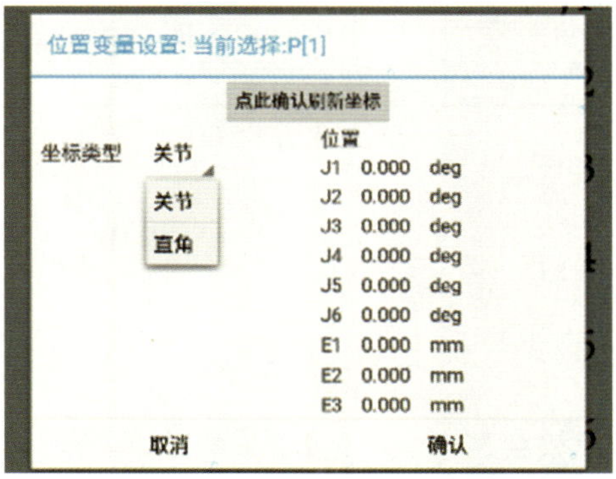

3. 示教点 2

长按已建立好的程序语句“J P[1] 100% FINE”，或者点击语句后的⊖，选择“复制”；再次长按程序语句“J P[1] 100% FINE”，选择“粘贴”，复制的指令语句会出现在长按语句的下面。点击粘贴后的语句即可对语句进行编辑，将 P[1] 中的 1 改成 2 即可完成“J P[2] 100% FINE”语句的输入。

长按已建立好的程序语句“J P[2] 100% FINE”，或者点击语句后的●，选择“修改位置”。点击“关节”按钮，选择“直角”，手动操作机器人移动到点 2 的位置，点击“点此确认刷新坐标”并“确认”，此时坐标值已修改，说明已记录机器人当前（即第二点）的位置。

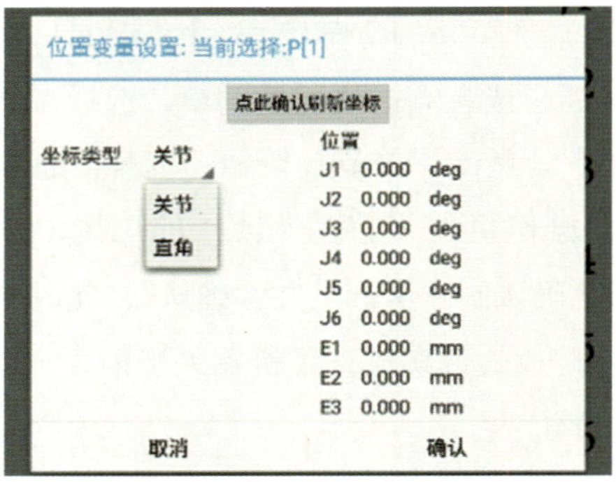

4. 示教点 3

点击“END”，选择“运动指令”，在新窗口中选择“L”选项，编辑“L”指令，速度输入时点击“100”，然后选择“const”，输入“80”，点击程序编辑区域下方的“确认”按钮，完成示教点 3 的运动程序语句“L P[3] 80mm/sec FINE”。示教点 3 的位置记录操作同前两个点。

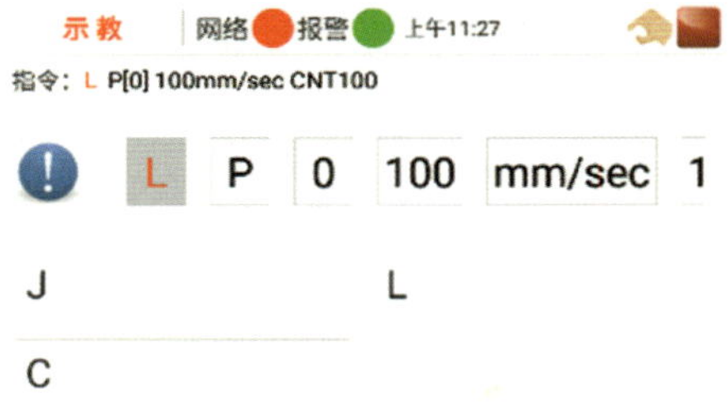

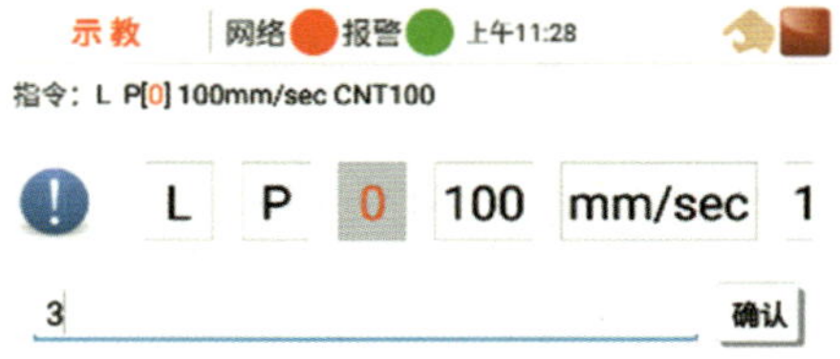

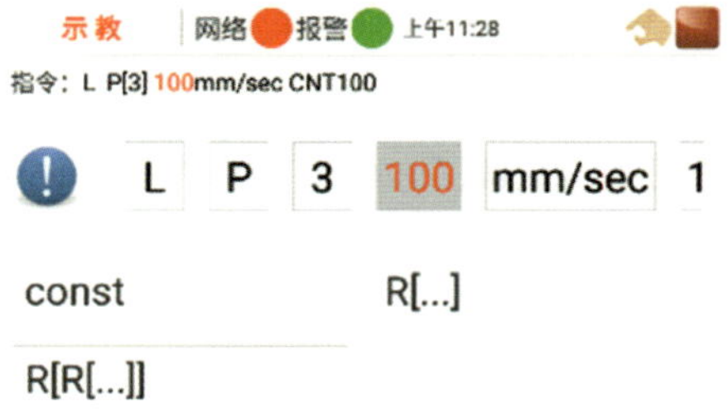

5. I/O 输出与夹爪夹紧

点击“END”，选择“I/O 指令”，再选择“Y[...,...]”，然后选择第一个“...”并输入“1”，选择第二个“...”并输入“1”，选择第三个“...”，最后选择“ON”，完成“Y[1,1]=ON”指令语句的输入。

IO 输出指令

6. 使用等待指令调节节拍

等待指令用于在等待指定的时间段后或者满足某个条件后执行后续程序。等待指令包括以下两种：

（1）指定时间的等待指令：等待一个指定的时间段后，再执行后续程序。

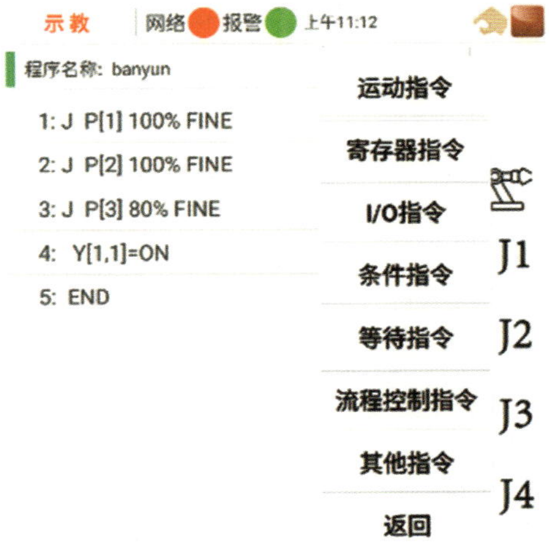

点击“END”，选择“等待指令”，然后选择“WAIT...sec”，点击“WAIT”后的“...”，选择“const”，在文本框中输入“2”，并点击“确认”按钮，即可完成“WAIT 2 sec”指令的输入。可根据实际节拍设置等待时间。

（2）条件等待指令：等待指定的条件满足后，再执行后续程序。若条件不满足则执行相应的操作。

1）寄存器条件等待指令。

2）输入 / 输出条件等待指令。

如果没有指定操作，那么指定的条件不满足时程序将无限期等待，直到满足指定的条件为止。

如果指定了操作（如 TIMEOUT LBL[i]），当指定的条件不满足且等待超时后，程序将跳转到指定的目标处运行。超时等待时间由系统参数设置。

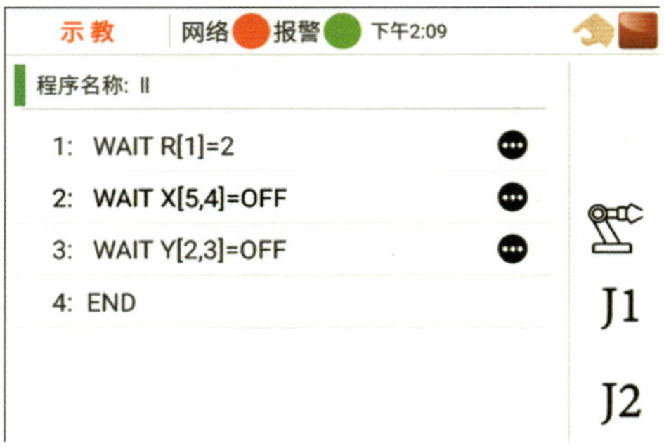

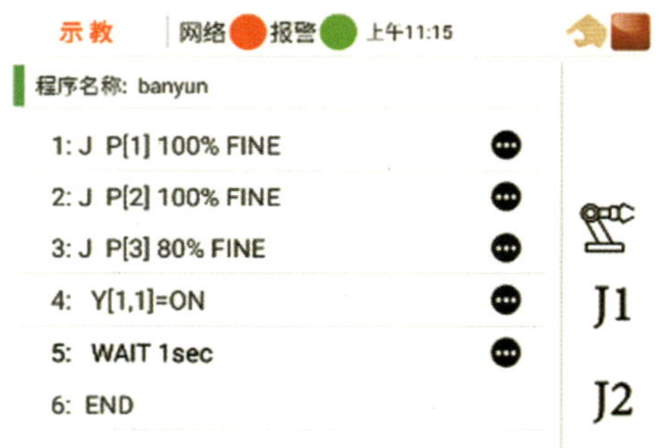

7. 示教点 4

复制 P[3] 点的指令语句，长按“WAIT 2 sec”指令语句，点击“粘贴”并对粘贴的指令语句进行编辑，完成 P[4] 点指令语句的输入，并记录示教点 P[4] 的位置。

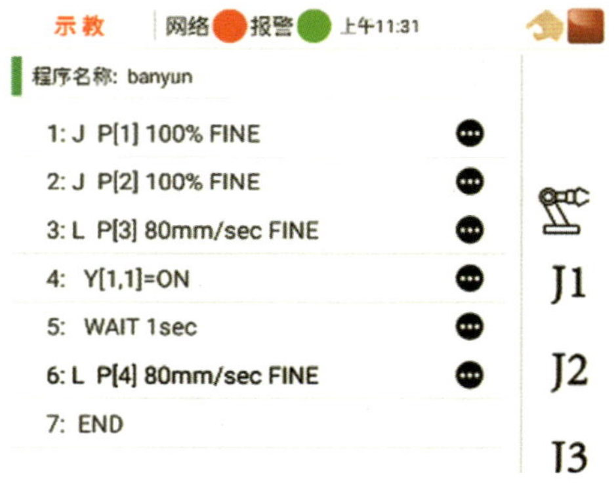

8. 示教点 5

长按 P[4] 点指令语句，点击“粘贴”并对粘贴的指令语句进行编辑，完成 P[5] 点指令语句的输入，并记录示教点 P[5] 的位置。

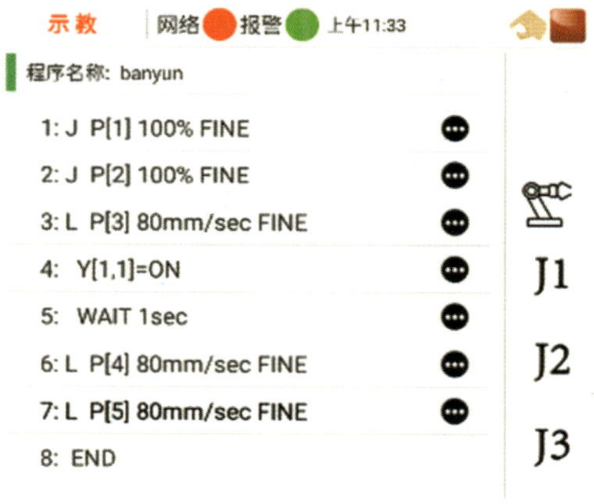

9. 示教点 6

长按 P[5] 点指令语句，点击“粘贴”并对粘贴的指令语句进行编辑，完成 P[6] 点指令语句的输入，并记录示教点 P[6] 的位置。

10. I/O 输出与夹爪松开

点击“END”，选择“I/O 指令”，再选择“Y[...,...]”，然后选择第一个“...”并输入“1”，选择第二个“...”并输入“1”，选择第三个“...”，最后选择“OFF”，完成“Y[1,1]=OFF”指令语句的输入。

11. 夹爪抬起至 5 点，完成第一个工件的搬运程序的编制

复制 P[5] 点指令语句，长按“Y[1,1]=OFF”，选择“粘贴”。

注意：程序要随时保存，以防丢失。

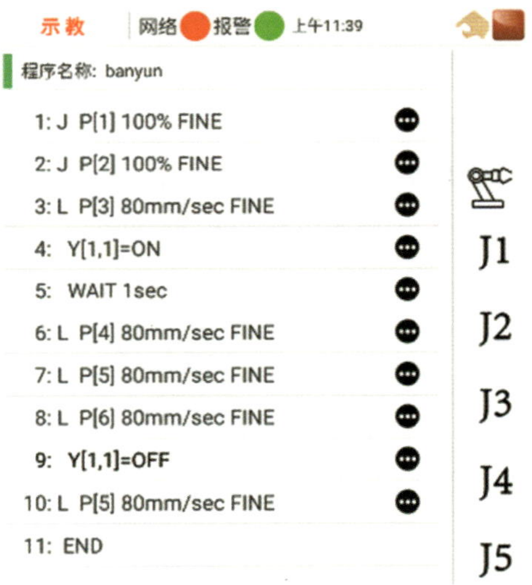

12. 后续 4 个工件搬运程序的编制

（四）运行程序

步骤 1：加载程序。

用户可选择并加载现有的程序文件，启动加载的程序后，机器人会根据程序文件的内容执行相应的动作。点击主菜单中的“自动”按钮后，在弹出的窗口中选择“加载程序”，然后选择需加载的程序文件，点击“确认”按钮后即可完成加载。

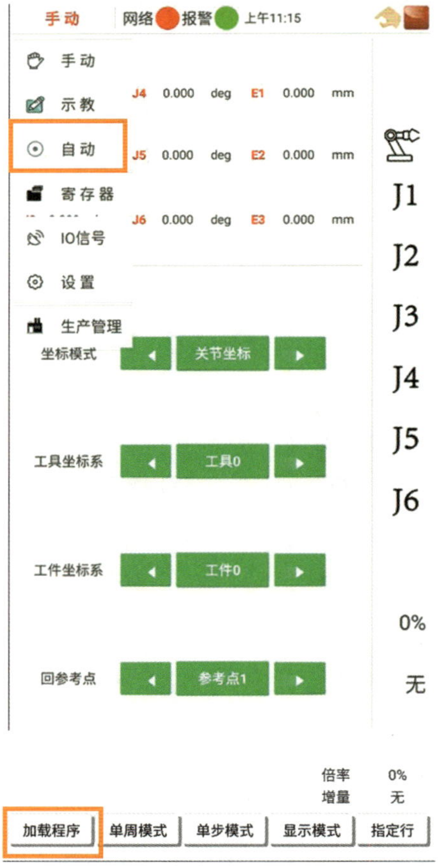

步骤 2：自动运行程序（⑩）。

示教器正面面板左侧的“启动 / 暂停”按钮和“停止”按钮可控制程序运行的启、停。“连续 / 单步”按钮和“单周 / 循环”按钮可设置程序自动运行的方式。选择单步运行模式，系统会在运行完一行程序后停止；若选择连续运行模式，系统会连续运行完程序。选择单周运行模式，系统会在运行完当前程序后停止；若选择循环运行模式，系统运行完程序后，会再次从程序首行开始运行。

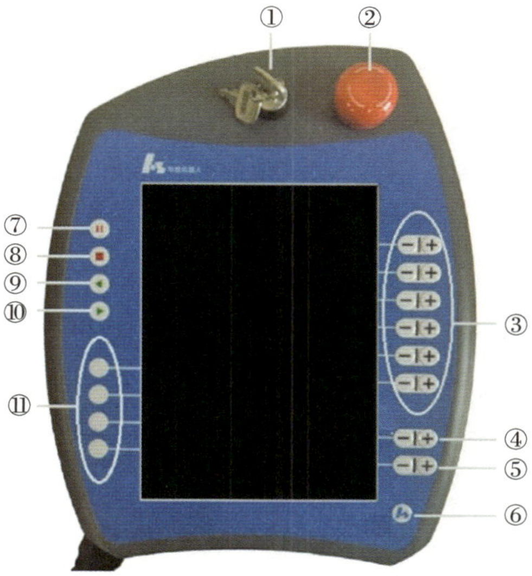

三、样例程序

搬运程序示例

J P[0] 100% FINE；
机器人返回参考点
J P[1] 100% FINE；
到安全点
J P[2] 100% FINE；
移动工具到工件旁
L P[3] 80mm/sec FINE；
靠近工件到拾取点
Y[1,1]=ON；

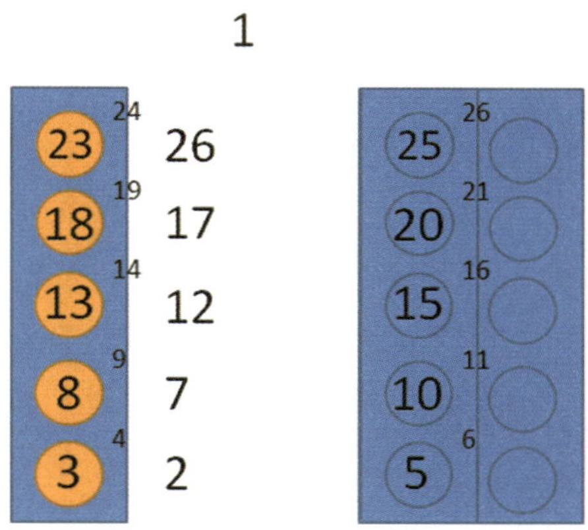

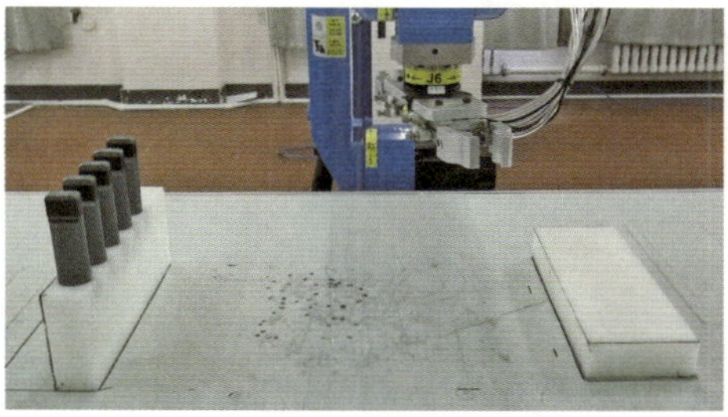

搬运程序示例	夹具夹紧 WAIT 2 sec； 等待 2s L P[4] 80mm/sec FINE； 夹持工件抬起 L P[5] 80mm/sec FINE； 移动到放置点上方 L P[6] 80mm/sec FINE； 移动到放置点 Y[1,1]=OFF； 夹具松开 L P[5] 80mm/sec FINE； 松开工件抬起 J P[7] 100% FINE； 移动到第二个工件旁 L P[8] 80mm/sec FINE； 靠近工件到拾取点 Y[1,1]=ON；	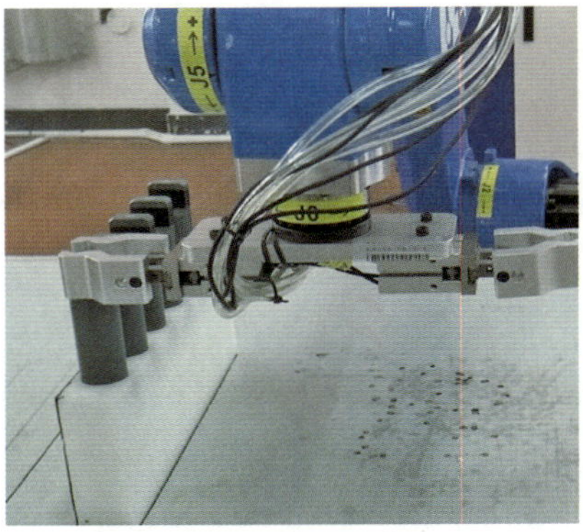  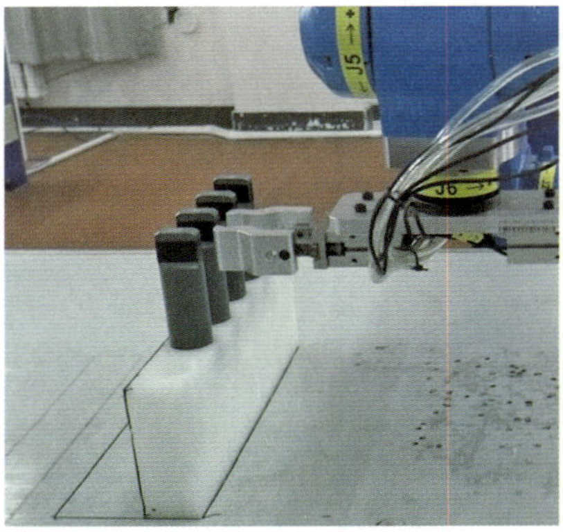

搬运程序示例	夹具夹紧 WAIT 2 sec; 等待 2s L P[9] 80mm/sec FINE; 夹持工件抬起 L P[10] 80mm/sec FINE; 移动到放置点上方 L P[11] 80mm/sec FINE; 移动到放置点 Y[1,1]=OFF; 夹具松开 L P[10] 80mm/sec FINE; 松开工件抬起 J P[12] 100% FINE; 移动到第三个工件旁 L P[13] 80mm/sec FINE; 靠近工件到拾取点 Y[1,1]=ON;	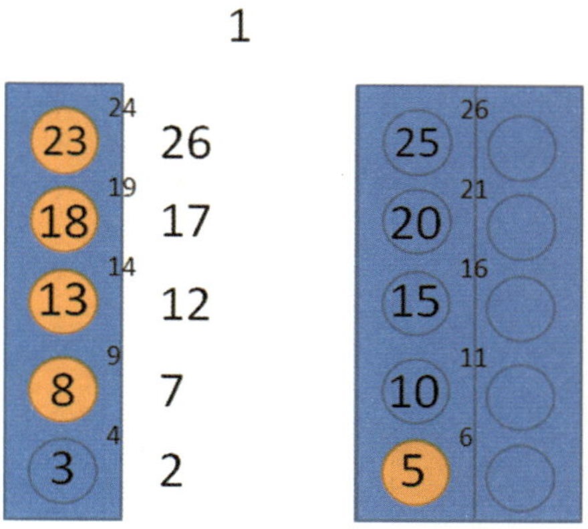 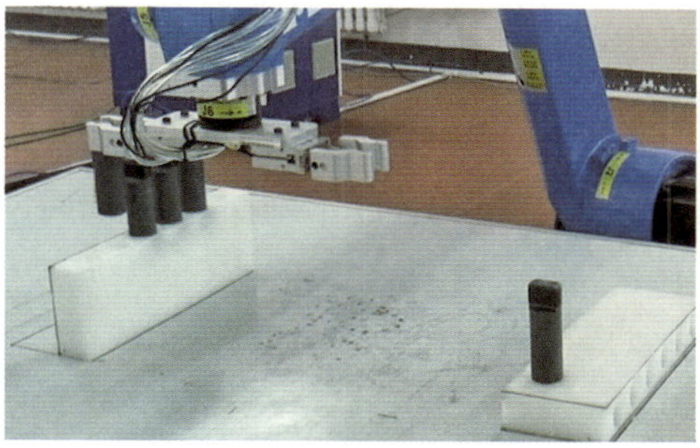 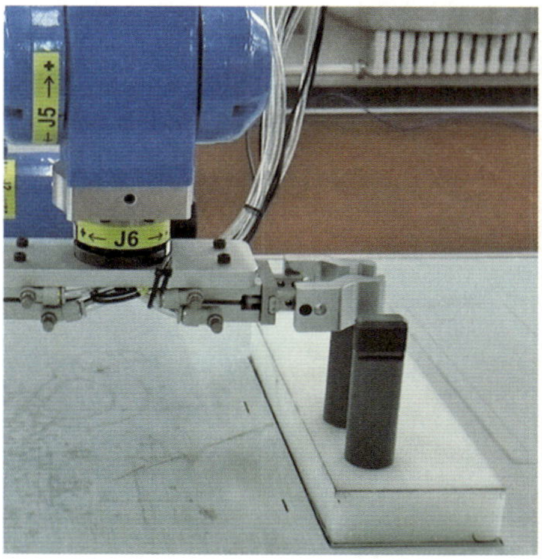

<table>
<tr>
<td>搬运程序
示例</td>
<td>夹具夹紧
WAIT 2 sec；
等待 2s
L P[14] 80mm/sec FINE；
夹持工件抬起
L P[15] 80mm/sec FINE；
移动到放置点上方
L P[16] 80mm/sec FINE；
移动到放置点
Y[1,1]=OFF；
夹具松开
L P[15] 80mm/sec FINE；
松开工件抬起
J P[17] 100% FINE；
移动到第四个工件旁
L P[18] 80mm/sec FINE；
靠近工件到拾取点
Y[1,1]=ON；</td>
<td>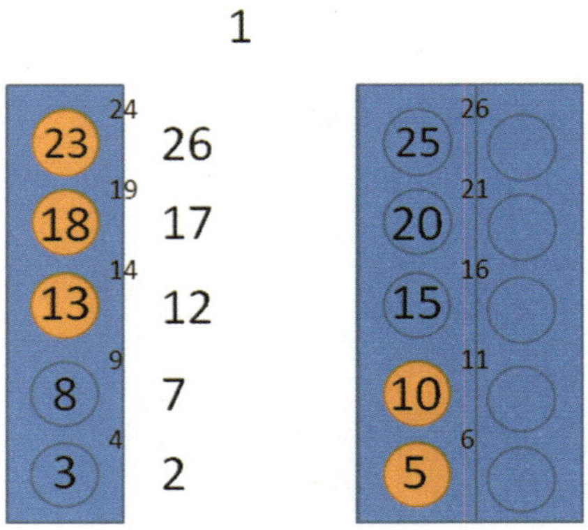

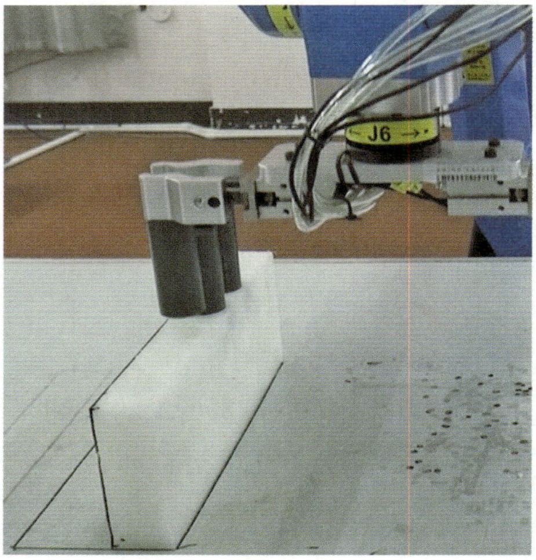

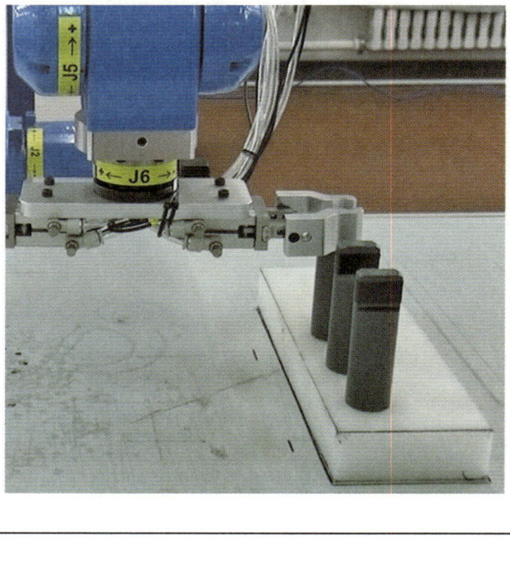
</td>
</tr>
</table>

搬运程序示例	夹具夹紧 WAIT 2 sec； 等待 2s L P[19] 80mm/sec FINE； 夹持工件抬起 L P[20] 80mm/sec FINE； 移动到放置点上方 L P[21] 80mm/sec FINE； 移动到放置点 Y[1,1]=OFF； 夹具松开 L P[20] 80mm/sec FINE； 松开工件抬起 J P[22] 100% FINE； 移动到第五个工件旁 L P[23] 80mm/sec FINE； 靠近工件到拾取点 Y[1,1]=ON；	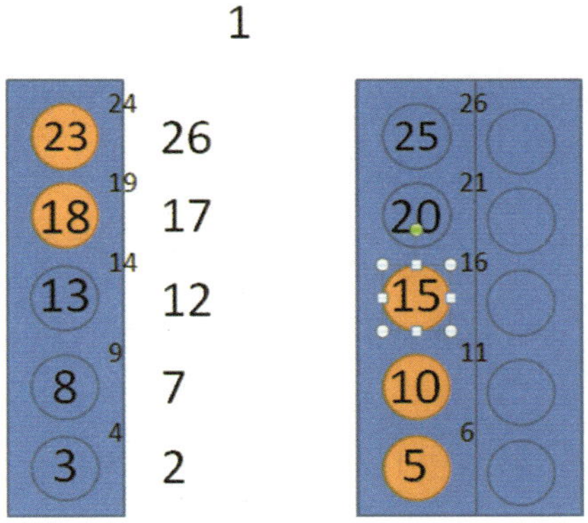  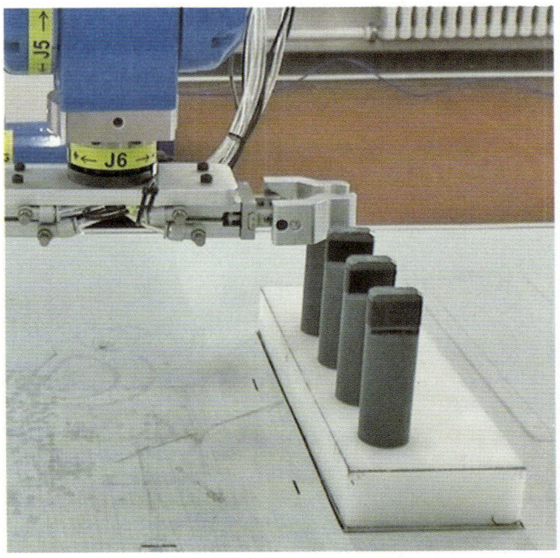

搬运程序示例	夹具夹紧 WAIT 2 sec; 等待 2s L P[24] 80mm/sec FINE; 夹持工件抬起 L P[25] 80mm/sec FINE; 移动到放置点上方 L P[26] 80mm/sec FINE; 移动到放置点	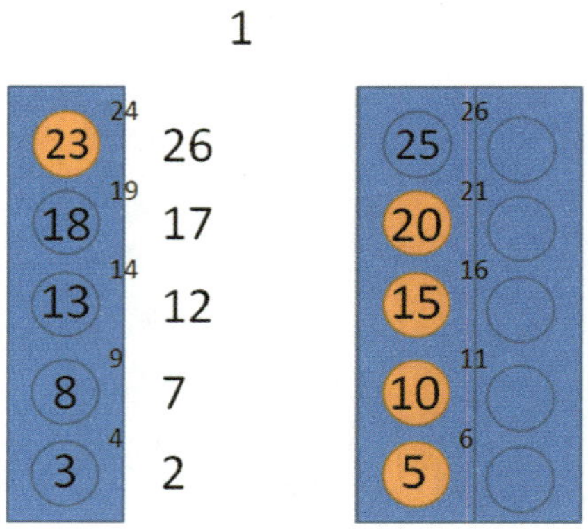 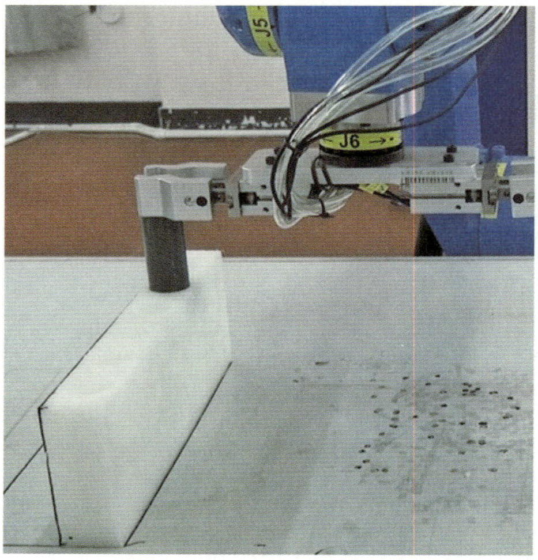 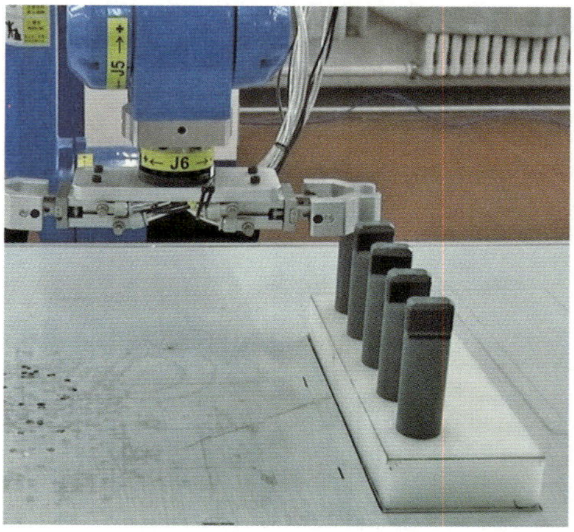

搬运程序示例	Y[1,1]=OFF； 夹具松开 L P[25] 80mm/sec FINE； 松开工件抬起 J P[0] 100% FINE； 机器人返回参考点 END	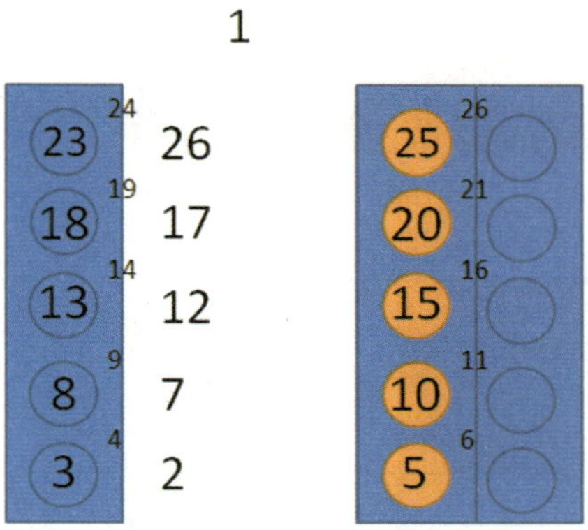

四、考核与评价

序号	评估内容	自评	互评	师评
	基本素养（30 分）			
1	纪律（无迟到、早退、旷课）（10 分）			
2	安全规范操作（10 分）			
3	参与度，团队协作能力，沟通交流能力（10 分）			
	理论知识（20 分）			
1	搬运运动规划（10 分）			
2	搬运程序编写的掌握程度（10 分）			
	技能操作（50 分）			
1	独立完成搬运程序的编写（10 分）			
2	独立完成搬运程序关节位置数据记录（10 分）			
3	程序校验（10 分）			
4	搬运程序手动运行（10 分）			
5	程序自动运行（10 分）			
综合评价				

任务 4 工业机器人码垛程序的编制

工作任务	工业机器人码垛程序的编制	教学模式	任务驱动
建议学时	6 学时	教学地点	机器人实验室
任务描述	通过对码垛程序的学习，理解机器人码垛算法及相关指令；掌握任务分析、运动规划、路线规划的方法；掌握码垛算法。		
素养提升	（1）培养严谨端正的学习态度、求真务实的工作作风，努力成为新时期具体匠心精神的优秀技术人才。 （2）培养民族自豪感，坚定文化自信。 （3）培养沟通交流、团队协作的意识，养成自我学习的习惯，具备分析与解决实际问题的能力。		
技能目标	（1）能够根据码垛任务进行工业机器人的运动规划。 （2）能够灵活运用工业机器人的相关编程指令。 （3）能够熟练使用码垛算法完成程序编制。		
设备器材	华数六轴工业机器人（HSR-6）		
学习思路	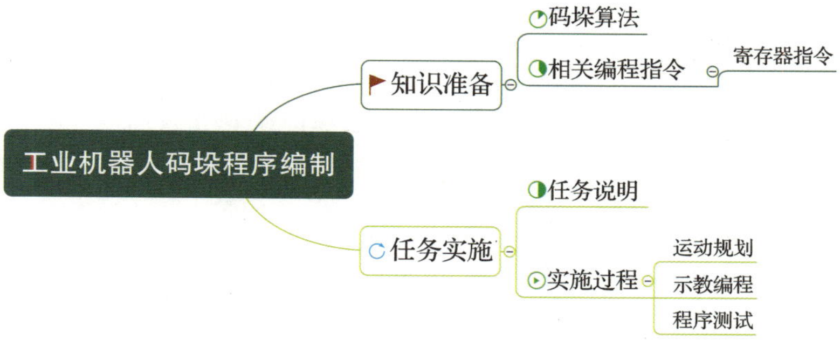		

一、知识准备

（一）码垛方式介绍

如右图所示，需要控制机器人从左边固定的料仓中取出小木块，然后在指定位置将小木块码成 5×5 的方阵。采用前面讲解的搬运方法也可以完成码垛，但是取点较多，较烦琐。

由于每个小木块都是边长 30mm 的正方体，并且码垛摆放有规律，如果只示教几个重要点，其余点都通过计算来得到，既可以在码垛过程中减少误差，又可以提高效率。

（二）寄存器指令

1. R 寄存器

寄存器指令用于在寄存器上完成算术运算。寄存器是一个存储数据的变量，本机器人控制系统提供 200 个 R 寄存器。

指令格式：R[i]=(value)

R[i]=(value)(operator)(value)

指令注释：把数值 (value) 赋值给指定的 R 寄存器。

指令说明如下：

（1）R：寄存器指令。

（2）[i]：i 的范围是 0 ～ 199。

（3）value：可以取常数（constant）、寄存器（R）、位置寄存器中的某个轴（PR[i,j]）、数字量输入 / 输出（X、Y）。

R 寄存器输入

<table>
<tr>
<td>（4）ope rator：对两个数值进行 +、-、×、/、MOD、DIV 操作。
1）指令语句：R[i]=(value)+(value)
该指令语句把两个数值的和赋值给指定的 R 寄存器。
2）指令语句：R[i]=(value)-(value)
该指令语句把两个数值的差赋值给指定的 R 寄存器。
3）指令语句：R[i]=(value) × (value)
该指令语句把两个数值的乘积赋值给指定的 R 寄存器
4）指令语句：R[i]=(value)/(value)
该指令语句把两个数值的商赋值给指定的 R 寄存器。</td>
<td>
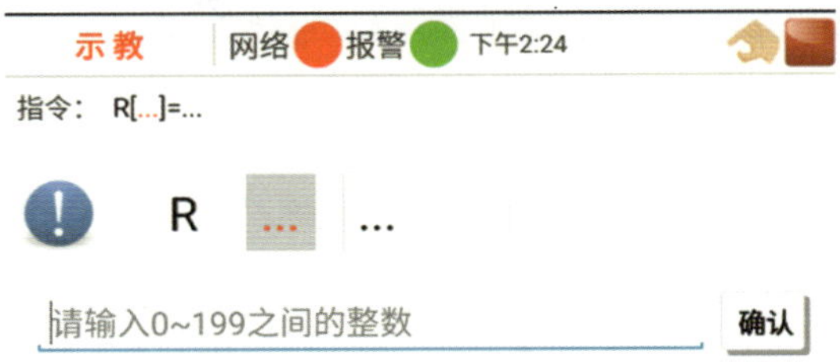

</td>
</tr>
</table>

5）指令语句：R[i]=(value)MOD(value)

该指令语句把两个数值的商的余数（小数部分）赋值给指定的 R 寄存器。

6）指令语句：R[i]=(value)DIV(value)

该指令语句把两个数值的商（整数部分）赋值给指定的 R 寄存器。

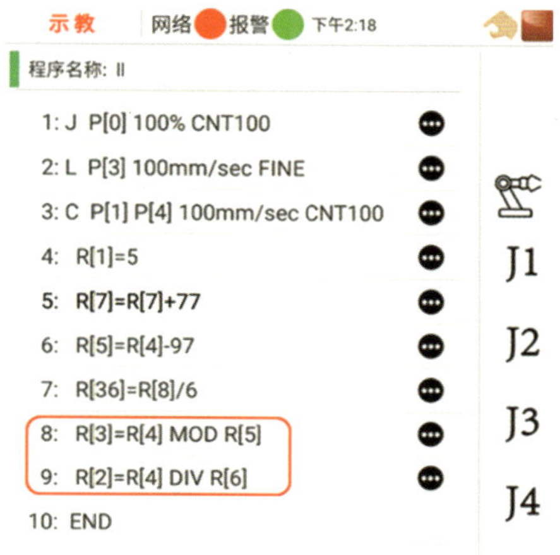

2. 位置寄存器 PR

位置寄存器是一个存储位置数据（X、Y、Z、A、B、C）的变量，本机器人系统提供 100 个位置寄存器。位置寄存器指令在位置寄存器上完成算术操作。位置寄存器指令可以把位置数据，以及两个数值的和、差赋值给指定的位置寄存器。

指令格式：PR[i]=（value）

指令注释：把数值（value）赋值给指定的位置寄存器。

PR 位置寄存器输入

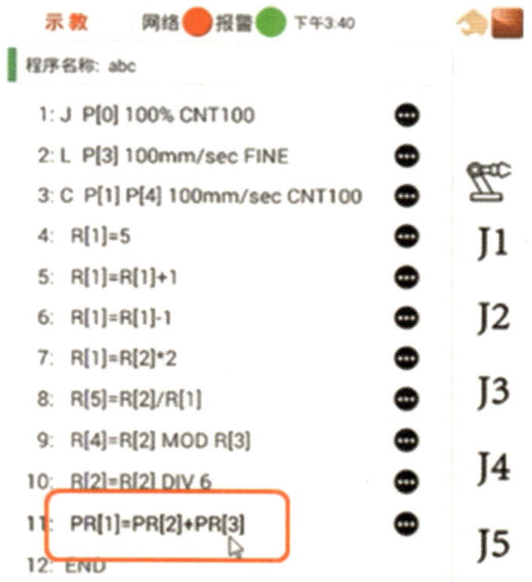

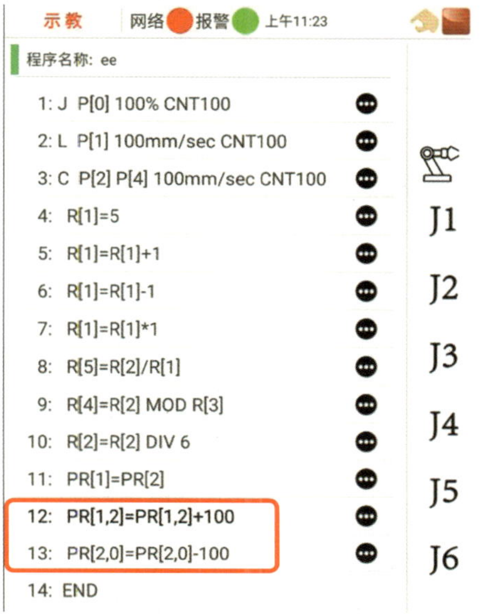

指令说明如下：

（1）RP：位置寄存器。

（2）[i]：位置寄存器号（0 ～ 99）。

（3）value ：可以取位置寄存器（PR）、位置变量（P）、直角坐标系中的当前位置（Lpos）、关节坐标系中的当前位置（Jpos）、用户坐标系（UFRAME[i]）、工具坐标系（UTOOL[i]）。

1）指令语句：PR[i]=(value)

该指令语句把数值（value）赋值给指定的位置寄存器

2）指令语句：PR[i]=(value)+(value)

按指令语句把两个数值的和赋值给指定的位置寄存器。

3）指令语句：PR[i]=(value)-(value)

该指令语句把两个数值的差赋值给指定的位置寄存器。

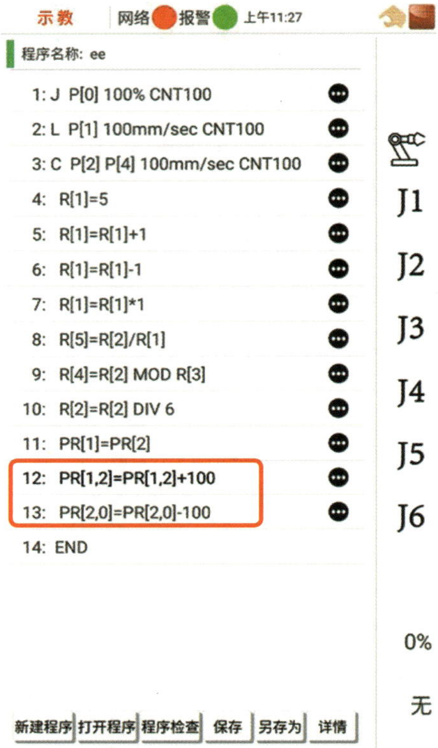

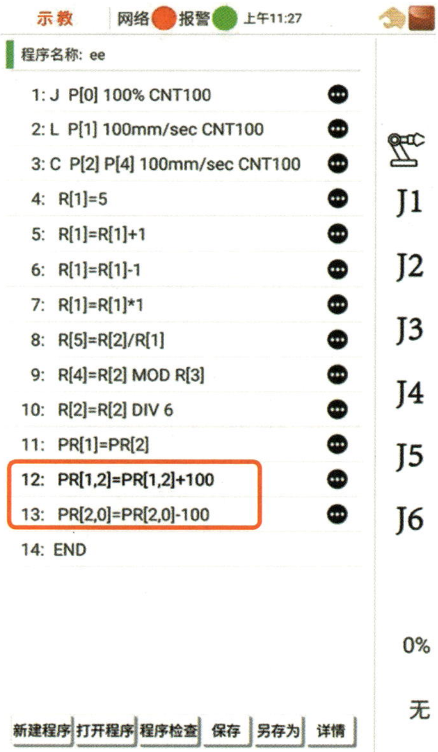

3. 位置寄存器轴指令

位置寄存器轴指令在位置寄存器上完成计算操作。PR[i,j] 中的元素 i 代表位置寄存器的序号，j 代表位置寄存器元素序号。位置寄存器轴指令可以将位置数据元素的值，或者两个数据的和、差、商、余数等赋值给指定的位置寄存器元素。

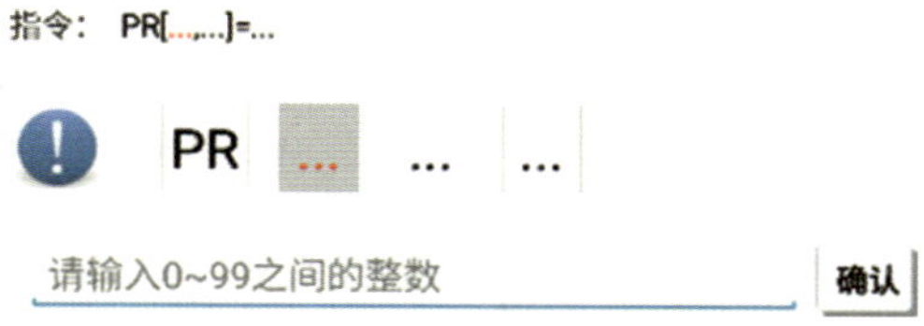

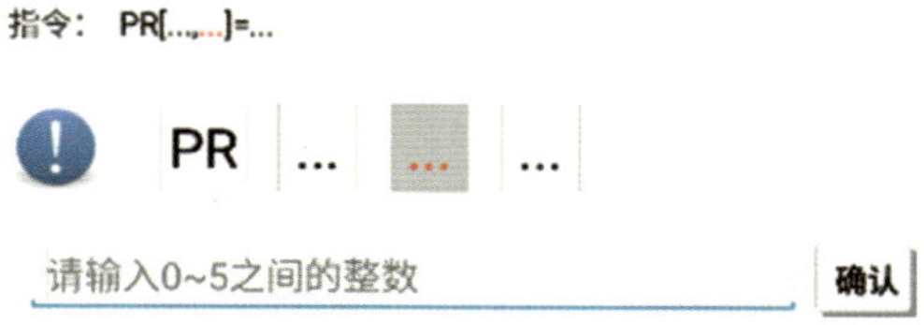

（1）PR[i, j]=(value)

PR[i, j]=(value) 指令把数值（value）赋值给指定的位置寄存器元素。

其中，i 的范围是 0 ～ 99，（value）可以取常数（constant）、寄存器（R）、位置寄存器中的某个轴（PR[i,j]）、位置变量中的某个轴（PR[i,j]）、数字量输入 / 输出（DI[i]/DO[i]）、模拟量输入 / 输出（AI[i]/AO[i]）。

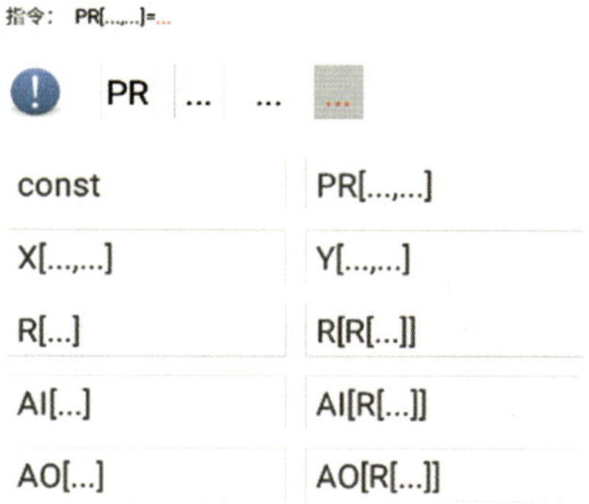

PR[1,0]=5

PR[1,0]=R[1]

PR[1,0]= PR[5,0]

（2）PR[i,j]=(value)+(value)

PR[i,j]=(value)+(value) 指令把两个数值的和赋值给指定的位置寄存器元素。

PR[1,0]=R[5]+R[2]

PR[1,0]=R[5]+50

（3）PR[i,j]=(value)-(value)

PR[i,j]=(value)- (value) 指令把两个数值的差赋值给指定的位置寄存器元素。

PR[1,0]=R[5]-R[2]

PR[1,0]=R[5]-50

（4）PR[i,j]=(value)*(value) PR[i,j]=(value)* (value) 指令把两个数值的乘积赋值给指定的位置寄存器元素。	PR[1,0]=R[3]*R[7] PR[1,0]=R[5]*60
（5）PR[i,j]=(value)/(value) PR[i,j]=(value)/ (value) 指令把两个数值的商赋值给指定的位置寄存器元素。	PR[1,0]=R[3]/R[7] PR[1,0]=R[5]/60
（6）PR[i,j]=(value)MOD(value) PR[i,j]=(value)MOD(value) 指令把两个数值的商的余数赋值给指定的位置寄存器元素。	PR[1,0]=R[3] MOD R[7] PR[1,0]=R[5] MOD 60
（7）PR[i,j]=(value)DIV(value) PR[i,j]=(value)DIV(value) 指令把两个数值的商的整数赋值给指定的位置寄存器元素。	PR[1,0]=R[3] DIV R[7] PR[1,0]=R[5] DIV 60

二、任务实施

（一）任务说明

本次任务是利用工业机器人在料仓中取出小木块，然后在指定位置将小木块码成 5×5 的方阵（密铺，木块之间没有缝隙，右图是为了让大家看清木块排列状态，所以留有缝隙）。需要进行任务规划、程序编制、程序调试等工作。

要求：（1）在基坐标下进行编程。

（2）所有示教点准确无误。

（3）程序运行流畅。

（4）程序结束后，机器人返回参考点。

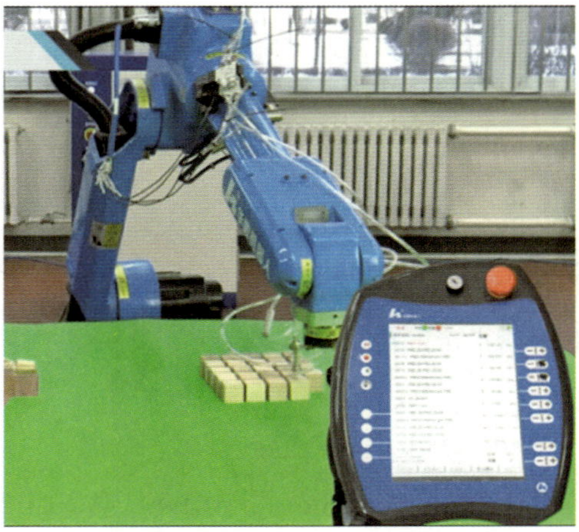

（二）准备工作

1. 运动规划

机器人码垛运动可分解为“检测传送线信息”“抓取工件”“判断放置位置”“放置工件”等一系列子任务，并进一步分解为“计算码垛放置位置”“移动到抓取安全位置”“抓取工件”“移动到放置安全位置”“放置工件”等一系列动作。

路径规划可以根据实际情况进行。

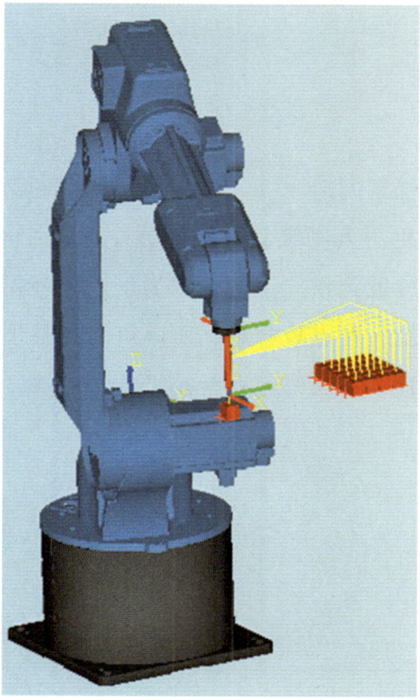

2. I/O 配置

本任务中使用吸盘来吸取工件，气动吸盘的打开与关闭通过 I/O 信号控制。华数工业机器人控制系统提供了完备的 I/O 通信接口，可以方便地与周边设备进行通信。本系统的 I/O 板提供的常用信号处理有输入信号 X 和输出信号 Y。输入 / 输出主要是对这些输入 / 输出状态进行管理和设置。

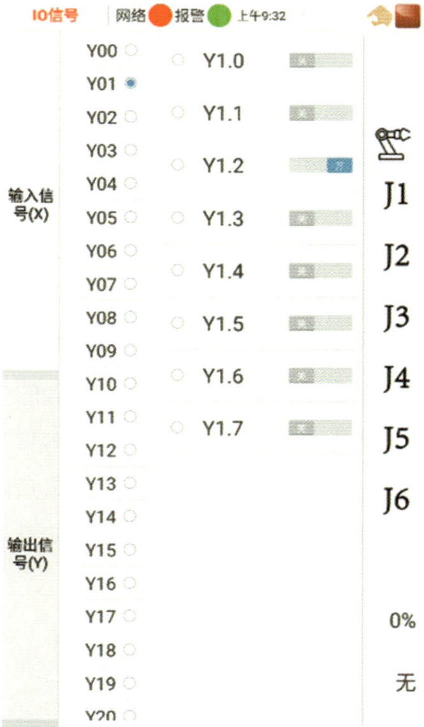

3. 坐标系设定

工业机器人用吸盘从料仓逐个吸取小木块，然后放置到指定位置，因为运动轨迹相对简单，示教取点较容易，所以可以在基坐标系下编程，不需要建立新的工具坐标系。

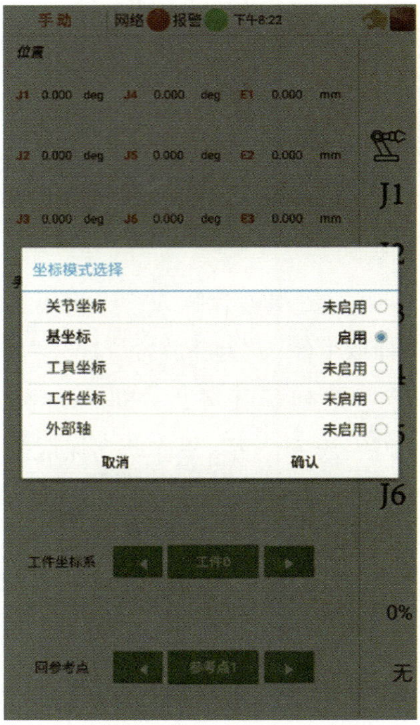

（三）示教编程

1. 设置位置寄存器

程序中用到了两个位置寄存器，小木块拾取点 PR[1] 和第一个小木块放置点 PR[2]。

在主菜单中选择“寄存器”，点击位置寄存器下的 PR[1]，并将其中的坐标类型设为“直角”，手动操纵机器人，使吸盘的中心点移动至小木块的拾取点位置，然后在界面中点击“点此确认刷新坐标”，最后点击“确认”按钮，位置寄存器 PR[1] 就设置完成了。

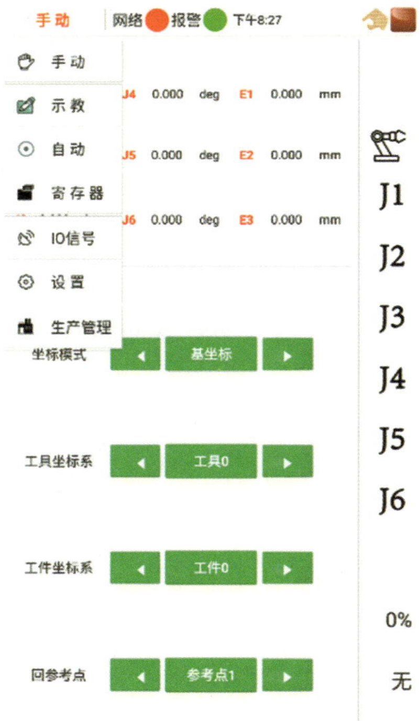

位置寄存器 PR[2] 的设置方法和位置寄存器 PR[1] 的设置方法一样。

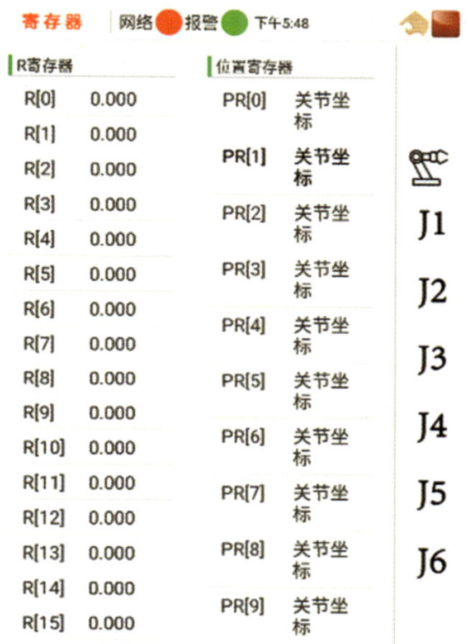

2. 新建程序

启动机器人，手动操作机器人返回参考点。在主菜单中选择“示教”，点击“新建程序”按钮，在弹出的窗口中输入程序名“mukuaimaduo”，然后点击“确认”按钮，建立新程序“mukuaimaduo”。

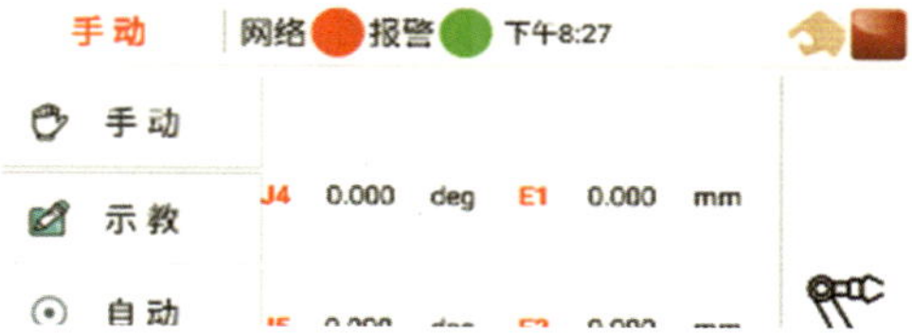

3. 示教点 1

点击“END”，选择“运动指令”，在新窗口中选择“J”选项，编辑“J”指令，点击程序编辑区域下方的“确认”按钮，即可在“END”前插入示教点 1 的运动程序语句“J P[1] 100% FINE”。

长按已建立好的程序语句“J P[1] 100% FINE”，或者点击语句后的⊖，选择“位置修改”。点击“关节”按钮，选择“直角”，手动操作机器人移动到点 1 的位置，点击“点此确认刷新坐标”并“确认”，此时坐标值已修改，说明已记录机器人当前（即第一点）的位置。

注意：P[1] 点是一个远离小木块的安全点，可以作为拾取点和放置点的中间点，以防工具和木块发生干涉。

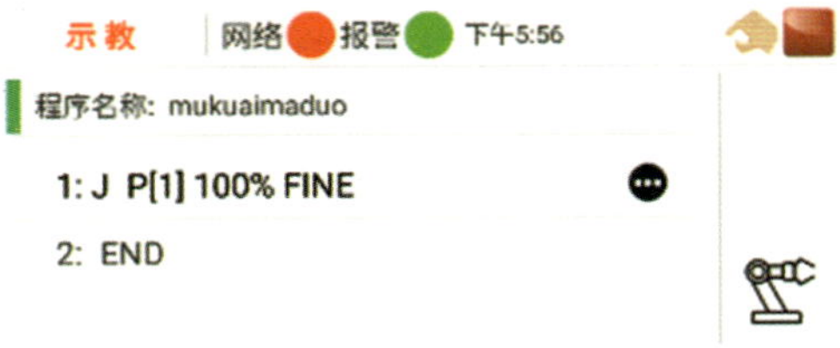

4. 计算拾取点上方的靠近点位置

点击“END”，选择“寄存器指令”，再选择“PR[...,...]”，然后点击第一个“...”，选择“const”，输入“1”并确认，点击第二个“...”，选择“const”，输入“2”并确认，点击第三个“...”，选择“PR[...,...]”，继续点击后面的第一个“...”，选择“const”，输入“1”并确认，点击第二个“...”，选择“const”，输入“2”并确认，点击之后的空格，选择“+”，再点击后面的“...”，选择“const”，输入“50”并确认，即可完成拾取点上方点的位置计算语句“PR[1,2]=PR[1,2]+50”。

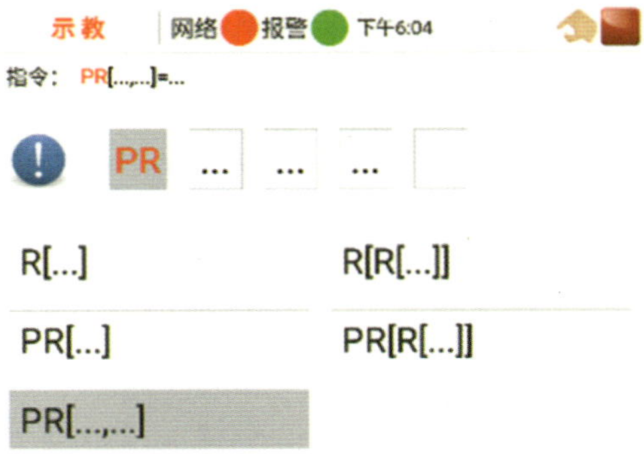

<table>
<tr>
<td>此时，PR[1] 的位置不再是最初设置的拾取点，而是拾取点上方 50mm 处的点。
PR[i，j] 中的 i 表示位置寄存器名；j 表示位置寄存器中某个轴的坐标，“0、1、2、3、4、5”分别表示“X 轴坐标、Y 轴坐标、Z 轴坐标、A、B、C”。“PR[1,2]=PR[1,2]+50”表示位置寄存器 PR[1] 的 Z 轴坐标值加 +50，其余轴坐标不变。</td>
<td>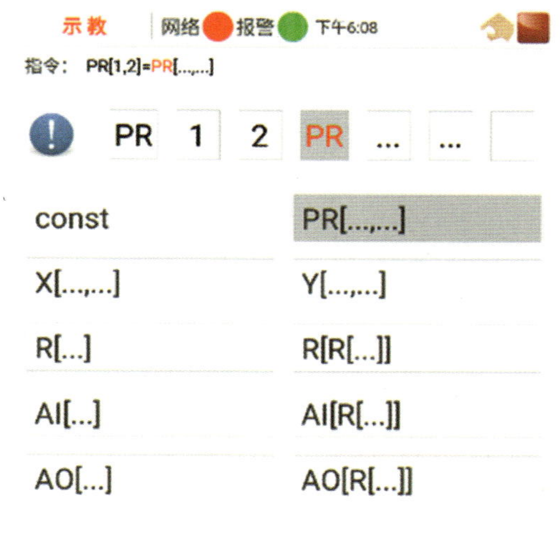

</td>
</tr>
<tr>
<td>5. 编辑吸盘移动到拾取点上方的程序语句
点击“END”，选择“运动指令”，在新窗口中选择“J”选项。

点击“P”，选择“PR[...]”，然后选择“...”，输入“1”并确认，即可完成运动语句“J PR[1] 100% FINE”。</td>
<td>

</td>
</tr>
</table>

6. 计算拾取点位置

复制“PR[1,2]=PR[1,2]+50”，长按“J PR[1] 100% FINE”，点击“粘贴”，然后点击粘贴好的程序语句，将“+”改成“-”，即可完成拾取点位置计算语句“PR[1,2]=PR[1,2]-50”。

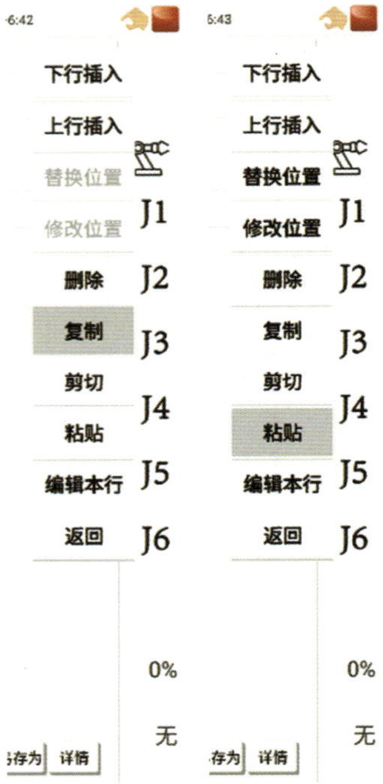

7. 编辑吸盘移动到拾取点的程序语句

点击“END”，选择“运动指令”，在新窗口中选择“L”选项，点击“P”，选择“PR[...]”，然后选择“...”，输入“1”并确认，即可完成运动语句“L PR[1] 100mm/sec FINE”。

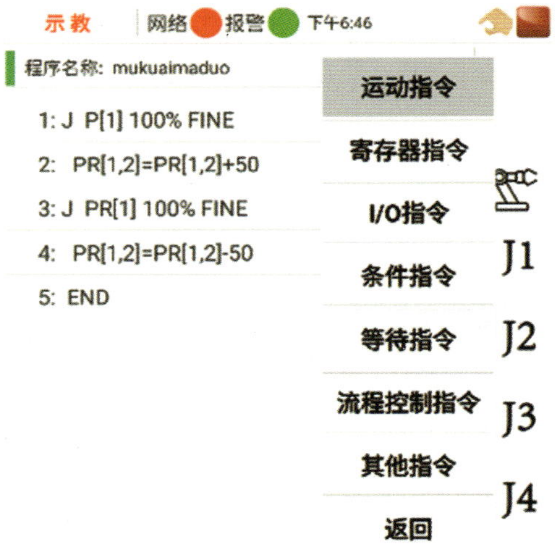

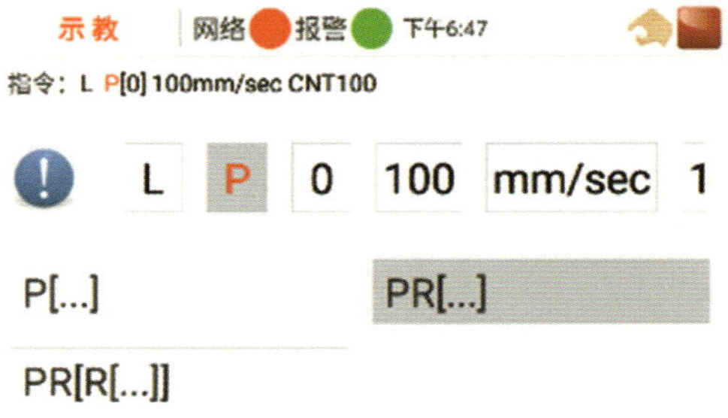

<table>
<tr>
<td></td>
<td>
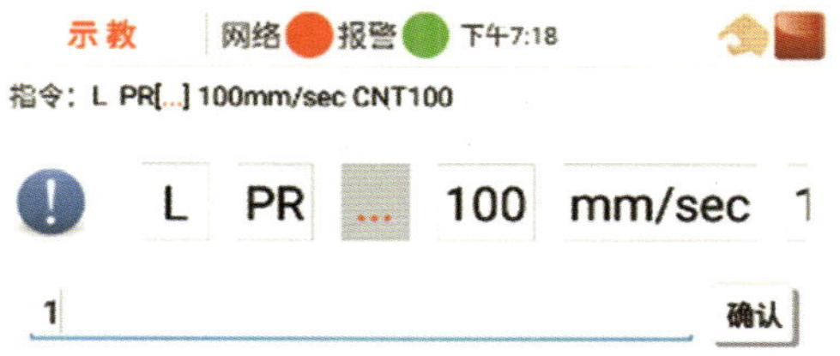

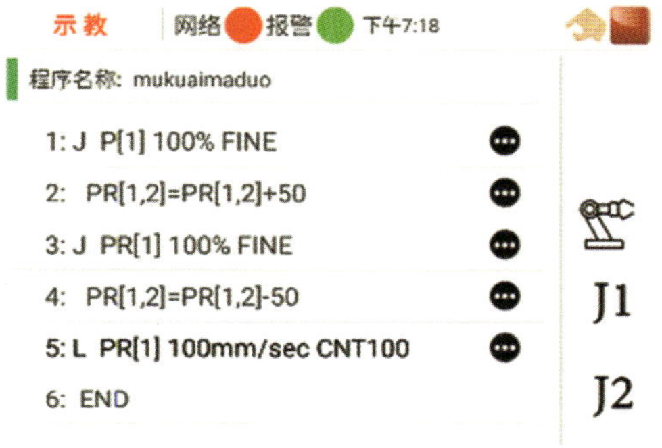

</td>
</tr>
<tr>
<td>

8. I/O 输出与吸盘吸气

点击“END”，选择“I/O 指令”，然后选择“Y[...,...]”按钮，选择第一个“...”并输入“1”，选择第二个“...”并输入“1”，选择第三个“...”，再选择“ON”，即可完成“Y[1,1]=ON”指令语句的输入。

</td>
<td>
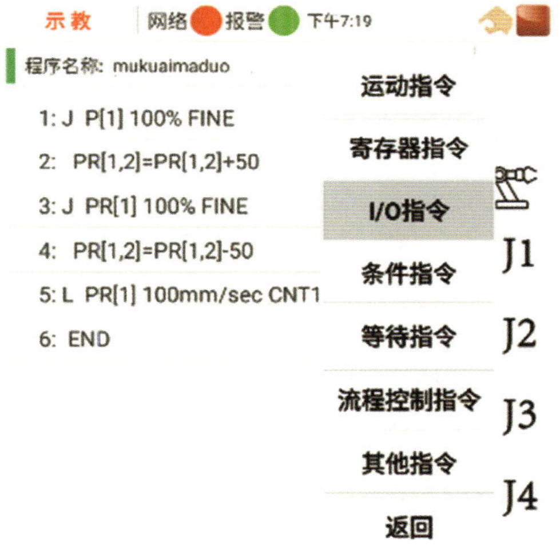

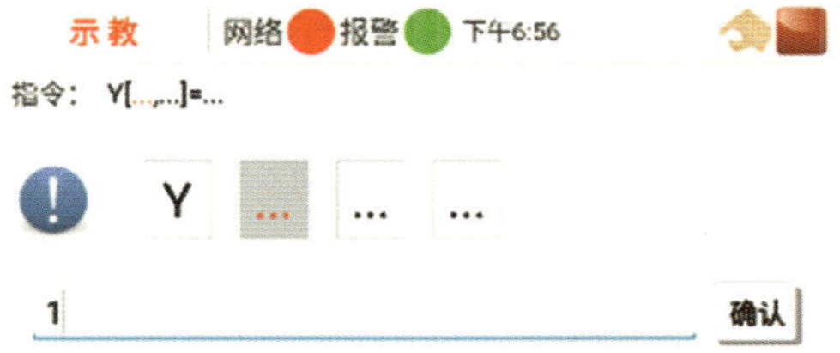

</td>
</tr>
</table>

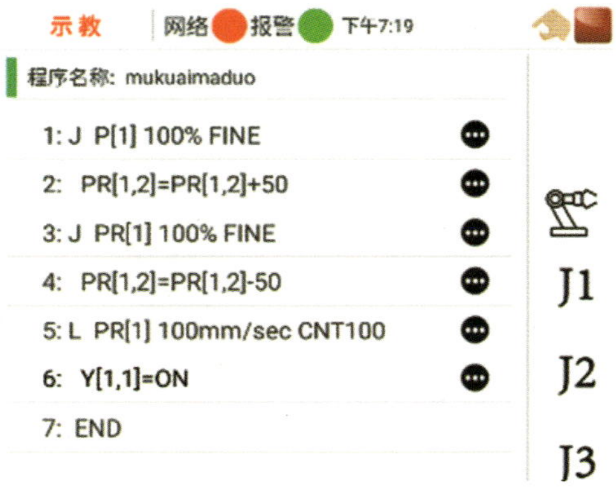

9. 使用等待指令调节节拍

点击“END”，选择“等待指令”，然后选择“WAIT...sec”选项，点击“WAIT”后的“...”，选择“const”选项，在文本框中输入“1”，最后点击“确认”按钮，即可完成“WAIT 1 sec”指令的输入。可根据实际节拍设置等待时间。

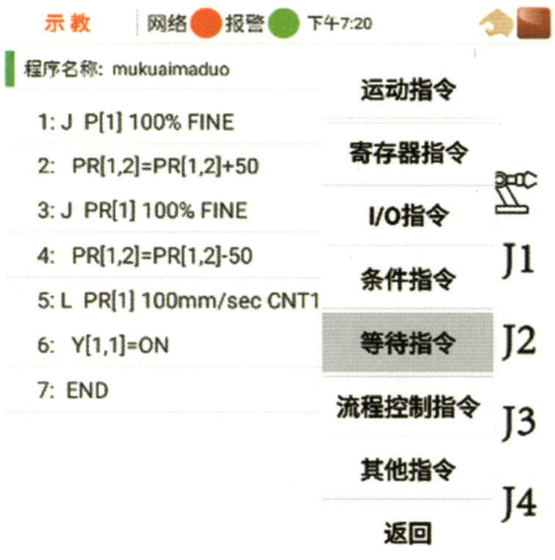

示教
网络
报警
下午7:00
指令： WAIT ...sec
WAIT
...
WAIT ...sec
WAIT ...=...
WAIT ...<>...
WAIT ...<...
WAIT ...<=...
WAIT ...>...
WAIT ...>=...

示教
网络
报警
下午7:00
指令： WAIT ...sec
WAIT
...
const
R[...]

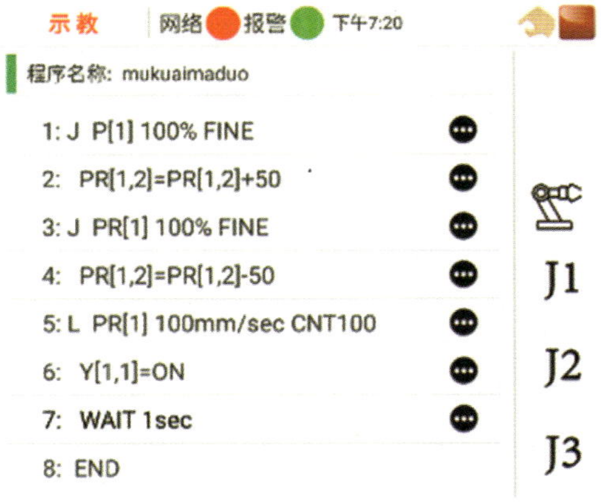
示教
网络
报警
下午7:20
程序名称：mukuaimaduo
1: J P[1] 100% FINE
2: PR[1,2]=PR[1,2]+50
3: J PR[1] 100% FINE
4: PR[1,2]=PR[1,2]-50
5: L PR[1] 100mm/sec CNT100
6: Y[1,1]=ON
7: WAIT 1sec
8: END
J1
J2
J3

10. 计算拾取后抬起点的位置

复制“PR[1,2]=PR[1,2]+50”，长按“WAIT 1 sec”，点击“粘贴”，即可完成拾取后抬起点的计算。

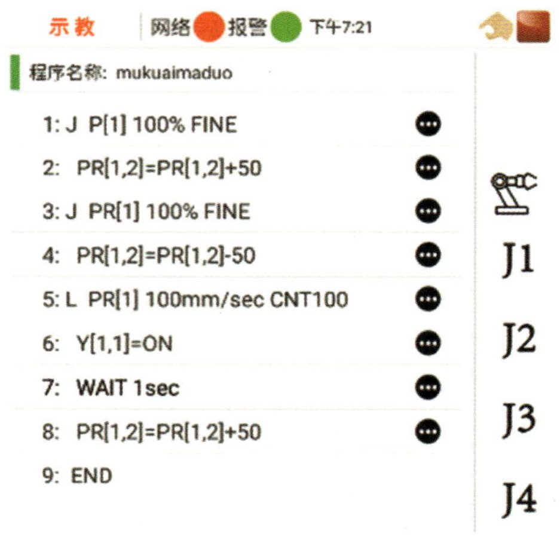

11. 编辑吸盘吸取小木块抬起的程序语句

复制“L PR[1] 100mm/sec FINE”，长按“END”上面的最后一个程序段，点击“粘贴”，即可完成吸盘抬起程序语句的编辑。

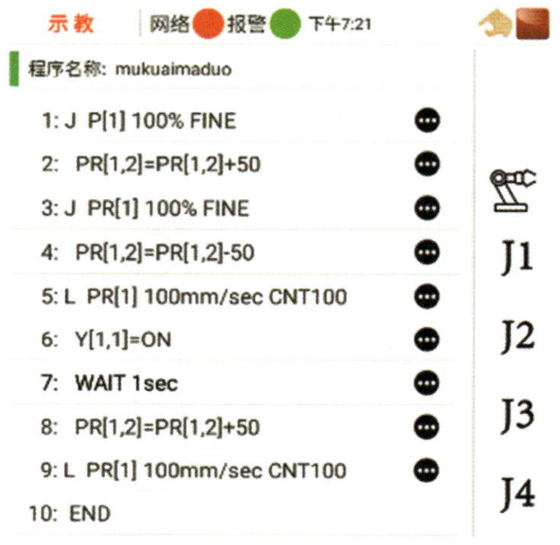

12. 编辑运动到安全点的程序语句

复制“J P[1] 100mm/sec FINE”，长按“END”上面的最后一个程序段，点击“粘贴”，即可完成运动到安全点程序语句的编辑。

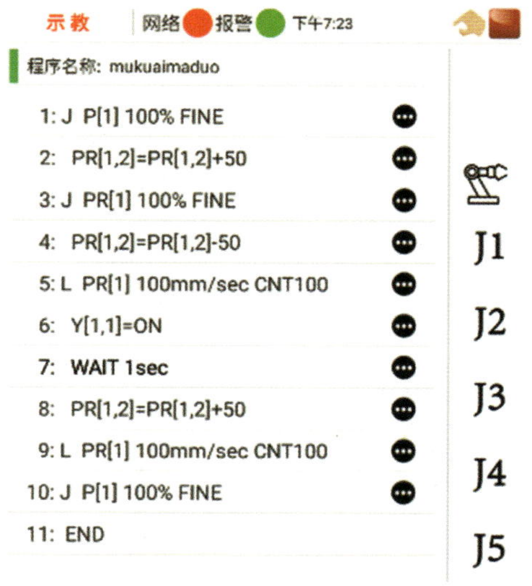

13. 计算放置点上方的靠近点位置

复制“PR[1,2]=PR[1,2]+50”，长按“END”上面的最后一个程序段，点击“粘贴”，再点击粘贴后的程序语句，编辑为“PR[2,2]=PR[2,2]+50”，即可完成放置点上方点的位置计算语句“PR[2,2]=PR[2,2]+50”。

此时，PR[2] 的位置不再是最初设置的放置点，而是放置点上方 50mm 处的点。

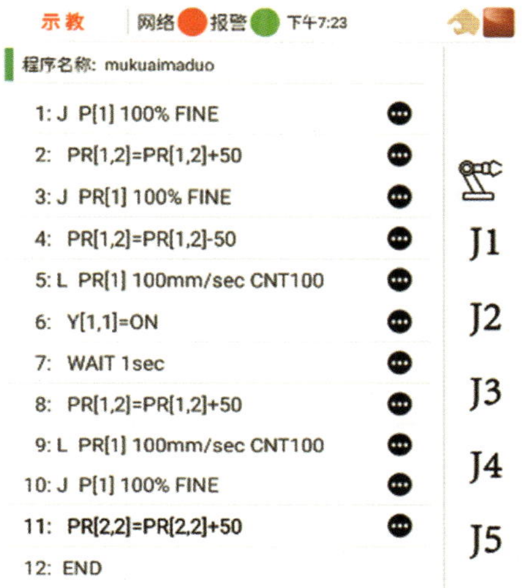

14. 编辑吸盘移动到拾取点上方的程序语句

复制“J PR[1] 100mm/sec FINE”，长按“END”上面的最后一个程序段，点击“粘贴”，再点击粘贴后的程序语句，编辑为“J PR[2] 100mm/sec FINE”，即可完成吸盘移动到拾取点上方的程序语句。

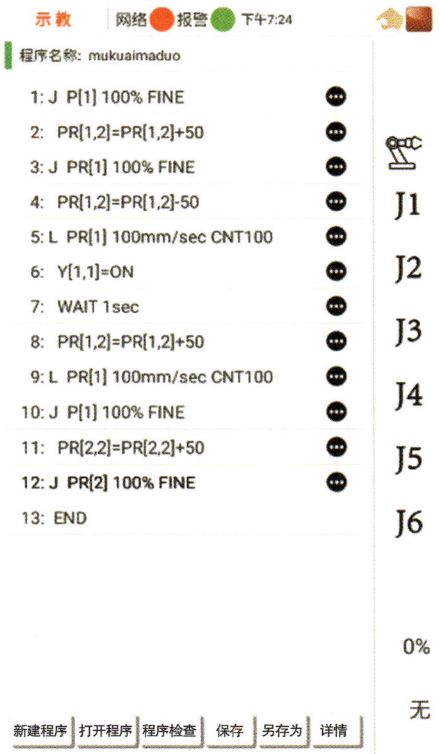

15. 计算放置点位置

复制“PR[2,2]=PR[2,2]+50”，长按“END”上面的最后一个程序段，点击“粘贴”，再点击粘贴后的程序语句，编辑为“PR[2,2]=PR[2,2]-50”，即可完成放置点位置计算语句。

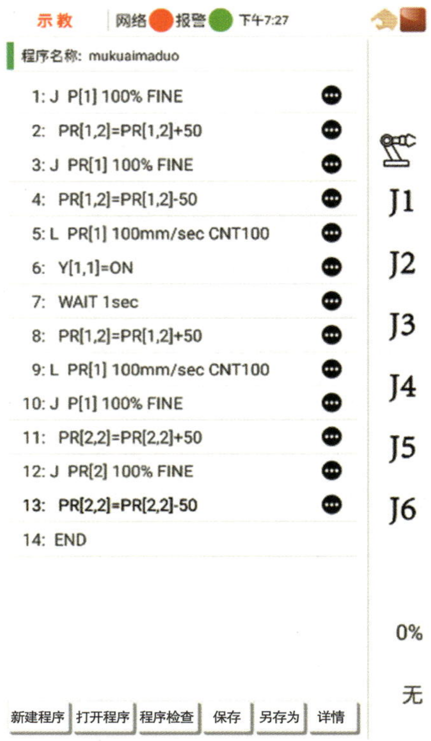

16. 编辑吸盘移动到放置点的程序语句

复制“L PR[1] 100mm/sec FINE”，长按“END”上面的最后一个程序段，点击“粘贴”，再点击粘贴后的程序语句，编辑为“L PR[2] 100mm/sec FINE”，即可完成吸盘移动到放置点的程序语句。

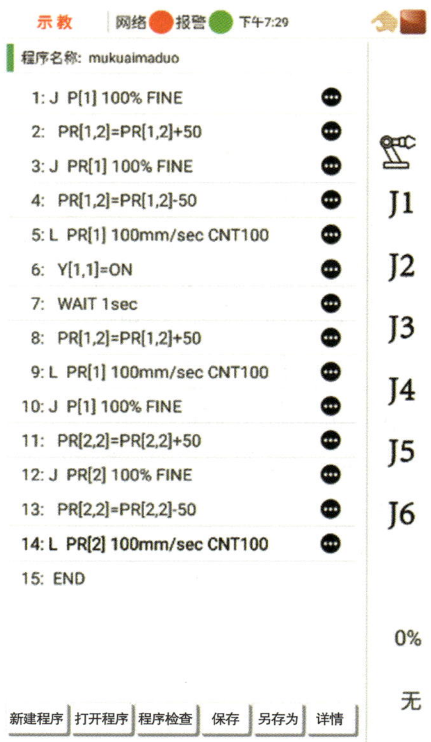

17. I/O 输出与夹爪松开

点击“END”，选择“I/O 指令”，然后选择“Y[...,...]”按钮，选择第一个“...”并输入“1”，选择第二个“...”并输入“1”，选择第三个“...”，再选择“OFF”，即可完成“Y[1,1]=OFF”程序语句的输入。

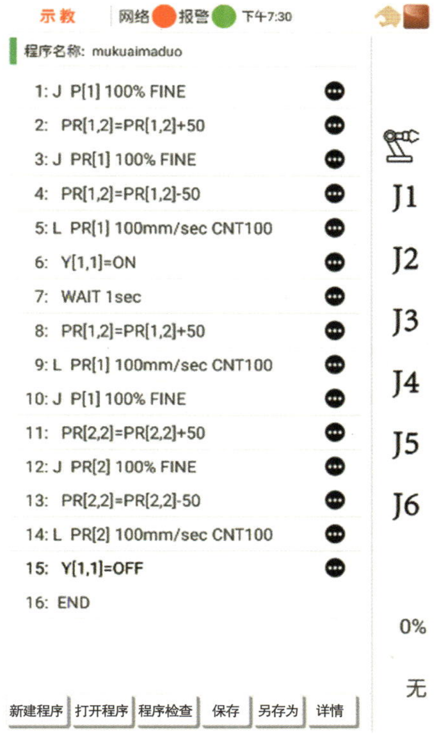

18. 吸盘松开后抬起点的计算

复制“PR[2,2]=PR[2,2]+50”，长按“END”上面的最后一个程序段，点击“粘贴”，即可完成放置点上方抬起点位置的计算。

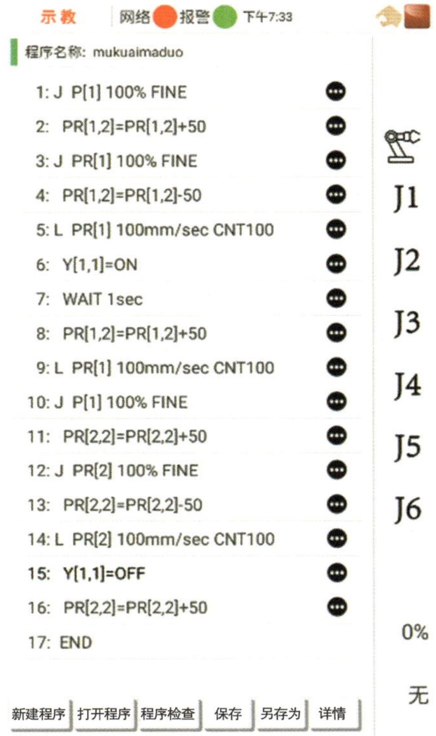

19. 吸盘抬起运动程序语句的编辑

复制“L PR[2] 100mm/sec FINE”，长按“END”上面的最后一个程序段，点击“粘贴”，即可完成吸盘抬起运动程序语句的编辑。

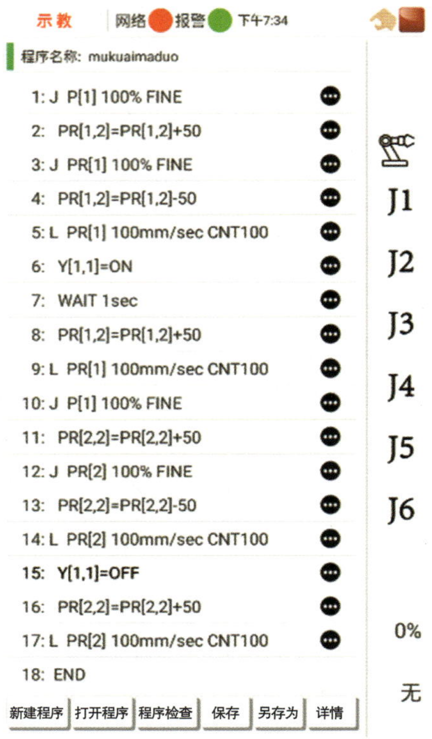

20. 返回安全点 P[1]，完成第一个小木块的码垛程序编制

复制“J P[1] 100mm/sec FINE”，长按“END”上面的最后一个程序段，点击“粘贴”，即可完成运动到安全点程序语句的编辑

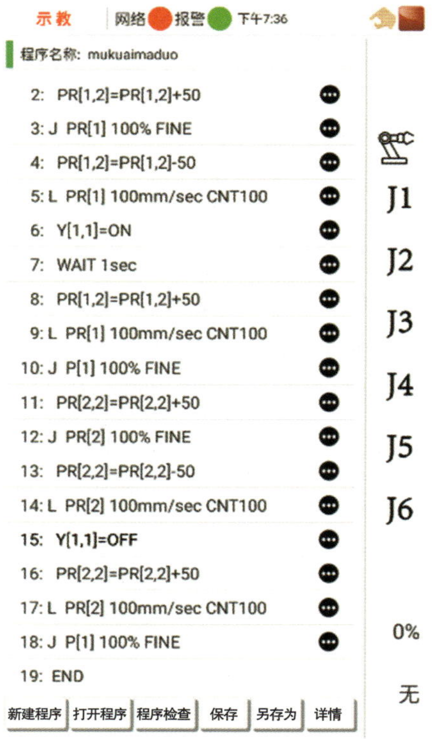

21. 完成其余小木块码垛程序的编制

（四）运行程序

步骤 1：加载程序。

用户可选择并加载现有的程序文件，启动加载的程序后，机器人会根据程序文件的内容执行相应的动作。点击主菜单中的“自动”按钮后，在弹出的窗口中选择“加载程序”，然后选择需加载的程序文件，点击“确认”按钮后即可完成加载。

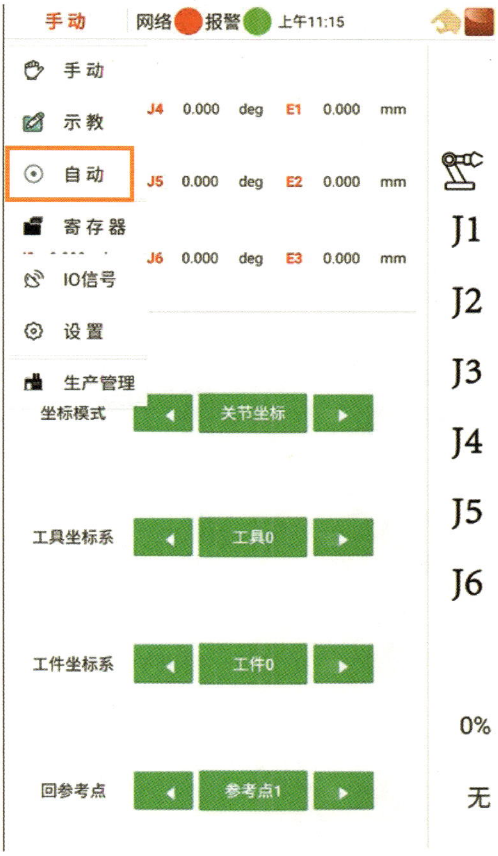

步骤 2：自动运行程序（⑩）。

示教器正面面板左侧的“启动 / 暂停”按钮和“停止”按钮可控制程序运行的启、停。“连续 / 单步”按钮和“单周 / 循环”按钮可设置程序自动运行的方式。选择单步运行模式，系统会在运行完一行程序后停止；若选择连续运行模式，系统会连续运行完程序。选择单周运行模式，系统会在运行完当前程序后停止；若选择循环运行模式，系统运行完程序后，会再次从程序首行开始运行。

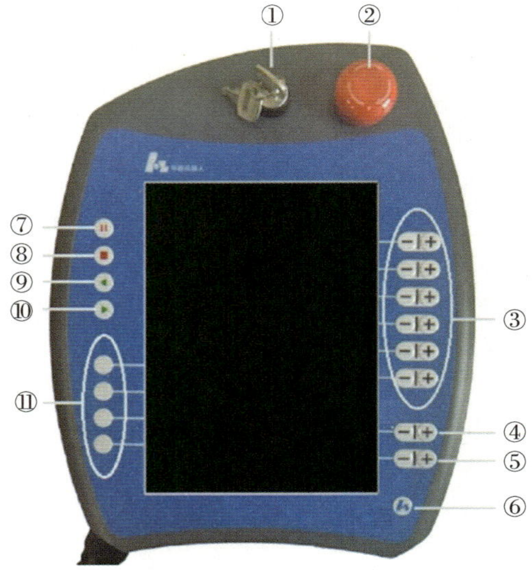

三、样例程序

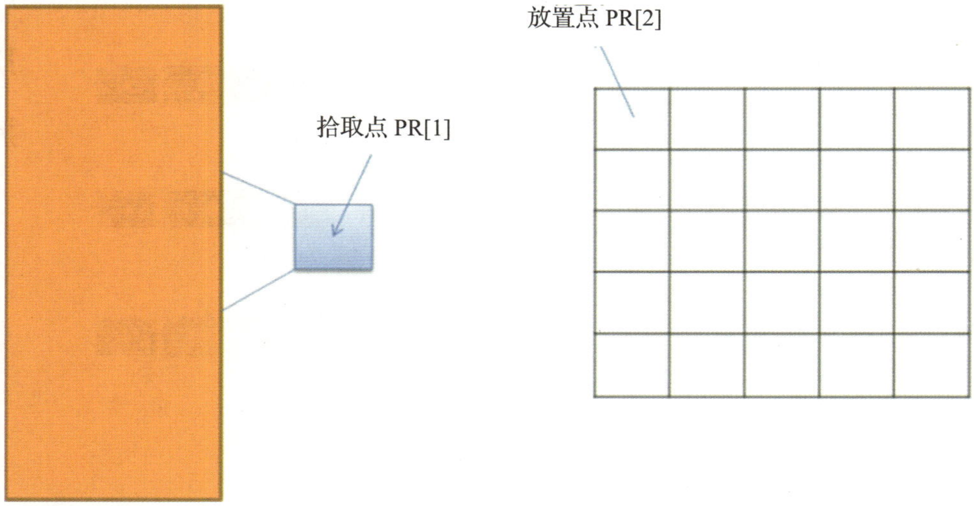

码垛程序示例（第一层第一行 5 个小木块）	J P[0] 100% FINE；	机器人返回参考点
	J P[1] 100% FINE；	到安全点
	PR[1,2]=PR[1,2]+50；	计算拾取点上方点
	J PR[1] 100% FINE；	吸盘运动到拾取点上方
	PR[1,2]=PR[1,2]-50；	计算拾取点
	L PR[1] 100mm/sec FINE；	吸盘运动到拾取点

码垛程序示例（第一层第一行 5 个小木块）	Y[1,1]=ON；	吸盘吸气，拾取工件
	WAIT 1 sec；	等待 1s
	PR[1,2]=PR[1,2]+50；	计算拾取点上方点
	J PR[1] 100% FINE；	吸盘运动到拾取点上方
	J P[1] 100% FINE；	到安全点
	PR[2,2]=PR[2,2]+50；	计算放置点上方点
	J PR[2] 100% FINE；	吸盘运动到放置点上方
	PR[2,2]=PR[2,2]-50；	计算放置点
	L PR[2] 100mm/sec FINE；	吸盘运动到放置点
	Y[1,1]=OFF；	吸盘放气，放置工件
	PR[2,2]=PR[2,2]+50；	计算放置点上方点
	J PR[2] 100% FINE；	吸盘运动到放置点上方
	J P[1] 100% FINE；	到安全点
	J PR[1] 100% FINE；	吸盘运动到拾取点上方
	PR[1,2]=PR[1,2]-50；	计算拾取点
	L PR[1] 100mm/sec FINE；	吸盘运动到拾取点
	Y[1,1]=ON；	吸盘吸气，拾取工件
	WAIT 1 sec；	等待 1s
	PR[1,2]=PR[1,2]+50；	计算拾取点上方点
	J PR[1] 100% FINE；	吸盘运动到拾取点上方
	J P[1] 100% FINE；	到安全点
	PR[2,1]=PR[2,1]+30；	计算放置点上方点
	J PR[2] 100% FINE；	吸盘运动到放置点上方
	PR[2,2]=PR[2,2]-50；	计算放置点
	L PR[2] 100mm/sec FINE；	吸盘运动到放置点
	Y[1,1]=OFF；	吸盘放气，放置工件
	PR[2,2]=PR[2,2]+50；	计算放置点上方点
	J PR[2] 100% FINE；	吸盘运动到放置点上方
	J P[1] 100% FINE；	到安全点
	J PR[1] 100% FINE；	吸盘运动到拾取点上方
	PR[1,2]=PR[1,2]-50；	计算拾取点

码垛程序示例（第一层第一行5个小木块）	L PR[1] 100mm/sec FINE； Y[1,1]=ON； WAIT 1 sec； PR[1,2]=PR[1,2]+50； J PR[1] 100% FINE； J P[1] 100% FINE； PR[2,1]=PR[2,1]+30； J PR[2] 100% FINE； PR[2,2]=PR[2,2]-50； L PR[2] 100mm/sec FINE； Y[1,1]=OFF； PR[2,2]=PR[2,2]+50； J PR[2] 100% FINE； J P[1] 100% FINE； J PR[1] 100% FINE； PR[1,2]=PR[1,2]-50； L PR[1] 100mm/sec FINE； Y[1,1]=ON； WAIT 1 sec； PR[1,2]=PR[1,2]+50； J PR[1] 100% FINE； J P[1] 100% FINE； PR[2,1]=PR[2,1]+30； J PR[2] 100% FINE； PR[2,2]=PR[2,2]-50； L PR[2] 100mm/sec FINE； Y[1,1]=OFF； PR[2,2]=PR[2,2]+50； J PR[2] 100% FINE； J P[1] 100% FINE； J PR[1] 100% FINE；	吸盘运动到拾取点 吸盘吸气，拾取工件 等待 1s 计算拾取点上方点 吸盘运动到拾取点上方 到安全点 计算放置点上方点 吸盘运动到放置点上方 计算放置点 吸盘运动到放置点 吸盘放气，放置工件 计算放置点上方点 吸盘运动到放置点上方 到安全点 吸盘运动到拾取点上方 计算拾取点 吸盘运动到拾取点 吸盘吸气，拾取工件 等待 1s 计算拾取点上方点 吸盘运动到拾取点上方 到安全点 计算放置点上方点 吸盘运动到放置点上方 计算放置点 吸盘运动到放置点 吸盘放气，放置工件 计算放置点上方点 吸盘运动到放置点上方 到安全点 吸盘运动到拾取点上方

码垛程序示例（第一层第一行 5 个小木块）	PR[1,2]=PR[1,2]-50； L PR[1] 100mm/sec FINE； Y[1,1]=ON； WAIT 1 sec； PR[1,2]=PR[1,2]+50； J PR[1] 100% FINE； J P[1] 100% FINE； PR[2,1]=PR[2,1]+30； J PR[2] 100% FINE； PR[2,2]=PR[2,2]-50； L PR[2] 100mm/sec FINE； Y[1,1]=OFF； PR[2,2]=PR[2,2]+50； J PR[2] 100% FINE； J P[1] 100% FINE； ……	计算拾取点 吸盘运动到拾取点 吸盘吸气，拾取工件 等待 1s 计算拾取点上方点 吸盘运动到拾取点上方 到安全点 计算放置点上方点 吸盘运动到放置点上方 计算放置点 吸盘运动到放置点 吸盘放气，放置工件 计算放置点上方点 吸盘运动到放置点上方 到安全点 ……
问题	本任务虽然应用了位置寄存器指令，但是程序语句还是非常多，怎样简化程序呢？任务 5 讲解的标签指令和跳转指令就可以极大地简化程序。	

四、考核与评价

序号	评估内容	自评	互评	师评
基本素养（30 分）				
1	纪律（无迟到、早退、旷课)(10 分）			
2	安全规范操作（10 分）			
3	参与度，团队协作能力，沟通交流能力（10 分）			
理论知识（20 分）				
1	码垛运动规划（10 分）			
2	寄存器指令的应用（10 分）			
技能操作（50 分）				
1	独立完成码垛程序的编写（10 分）			
2	寄存器指令操作（10 分）			
3	程序校验（10 分）			
4	码垛程序手动运行（10 分）			
5	程序自动运行（10 分）			
综合评价				

任务 5 工业机器人码垛程序的简化

<table>
<tr><td>工作任务</td><td>工业机器人码垛程序的简化</td><td>教学模式</td><td>任务驱动</td></tr>
<tr><td>建议学时</td><td>4 学时</td><td>教学地点</td><td>机器人实验室</td></tr>
<tr><td>任务描述</td><td colspan="3">通过对小木块码垛程序的简化，理解机器人程序简化指令的用法，顺利完成整个码垛程序的简化。</td></tr>
<tr><td>素养提升</td><td colspan="3">（1）培养严谨端正的学习态度、求真务实的工作作风，努力成为新时期具体匠心精神的优秀技术人才。
（2）培养民族自豪感，坚定文化自信。
（3）培养沟通交流、团队协作的意识，养成自我学习的习惯，具备分析与解决实际问题的能力。</td></tr>
<tr><td>技能目标</td><td colspan="3">（1）能够熟练应用标签指令和无条件跳转指令。
（2）能够灵活应用工业机器人的简化指令进行编程。
（3）能够应用简化指令完成小木块码垛程序的编制。</td></tr>
<tr><td>设备器材</td><td colspan="3">华数六轴工业机器人（HSR-6）</td></tr>
<tr><td>学习思路</td><td colspan="3">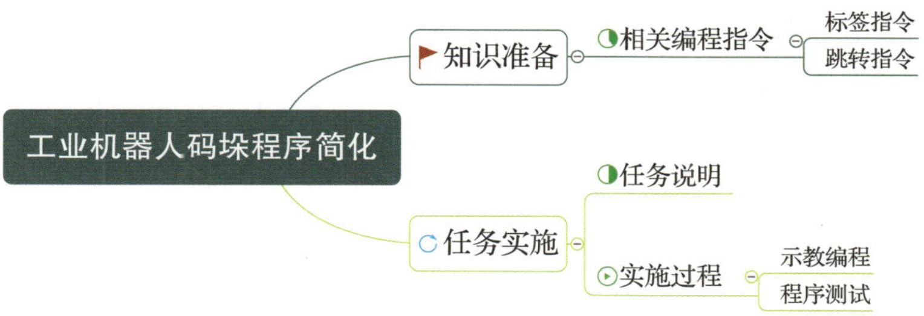
</td></tr>
</table>

一、知识准备

（一）标签指令

指令格式：LBL[i]

指令注释：标签指令用于指定程序执行的分支跳转的目标。

注：不能把标签序号指定为间接寻址（如 LBL[R[1]]）。

指令说明如下：

LBL：标签指令。

[i]：标签序号（1 ～ 32767）。

标签指令

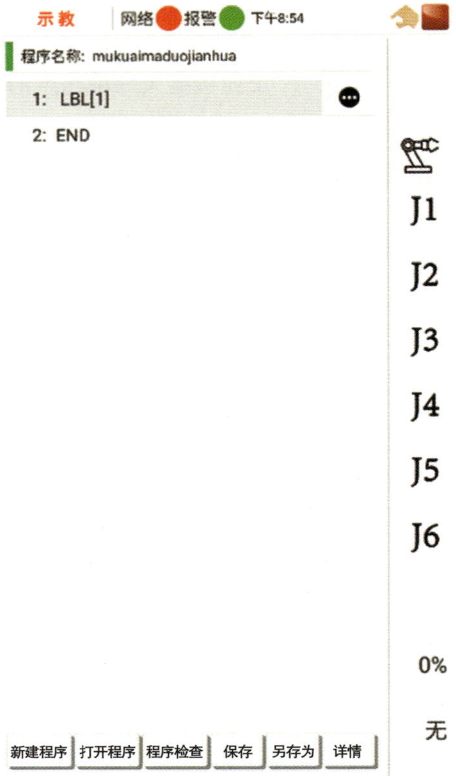

（二）寄存器条件比较指令

指令格式：IF R[i] (运算符) (value) (操作)

指令注释：寄存器条件比较指令将存储在寄存器中的值与另一个值比较，当比较条件满足时，执行指定的操作。

指令说明如下：

IF：条件指令。

R[i]：寄存器号为 0 ～ 199。

IF 判断指令

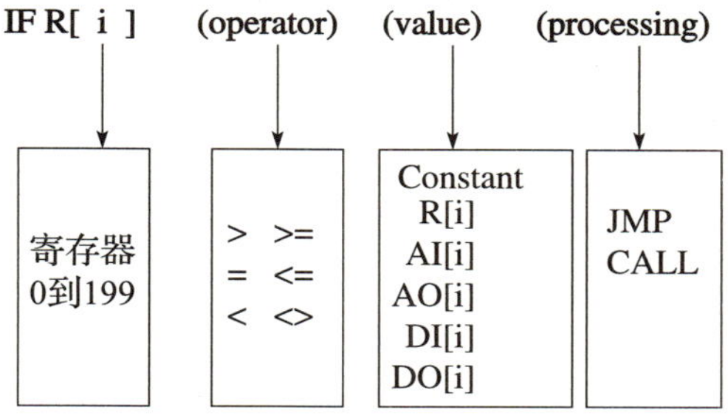

1. 寄存器条件比较指令

示例：

（1）如果 R[1] 等于 R[2]，则跳至标签 1 处。

（2）如果 R[R[3]] 大于等于 123，则跳至标签 2 处。

```
IF R[1] = R[2], JMP LBL[1]
IF R[R[3]] >= 123, JMP LBL[2]
```

2. 模拟输入 / 输出条件比较指令

示例：

（1）如果 AO[2] 大于等于 3000，则跳至标签 2 处。

（2）如果 AI[R[3]] 不等于 R[R[2]]，则调用子程序 ddd。

子程序调用

```
IF AO[2] >= 3000, JMP LBL[2]
IF AI[R[3]] <> R[R[2]], CALL ddd
```

3. 数字输入 / 输出条件比较指令

示例

（1）如果输入 X[2.3] 为 OFF，则跳至标签 1 处。

（2）如果输出 Y[1.0] 为 ON，则调用子程序 ddd。

```
IF X[2.3]= OFF, JMP LBL[1]
IF Y[1.0]= ON, CALL ddd
```

4. 复合条件的使用

（1）逻辑与（AND）。

IF <条 件 1> and <条 件 2> and <条 件 3>, JMP LBL [3]

```
IF R[1]<10 AND R[5]>20,JMP LBL[2]
```

（2）逻辑或（OR）。

IF <条件 1> or <条件 2>, JMP LBL [3]

```
IF R[1]<10 OR R[5]>20,JMP LBL[2]
```

注：在比较条件中，可以使用逻辑与（AND）和逻辑或（OR）来指定复合条件。这样就简化了程序的结构，使得条件的比较更加高效。

（三）无条件跳转指令

指令格式：JMP LBL [i]

指令注释：无条件跳转指令是指在同一个程序中，无条件地从程序的一行跳转到另一行去执行，即将程序控制转移到指定的标签。

指令说明如下：

JMP：无条件跳转指令。

[i]：标签序号（1 ～ 32767）。

示例：JMP LBL[1]

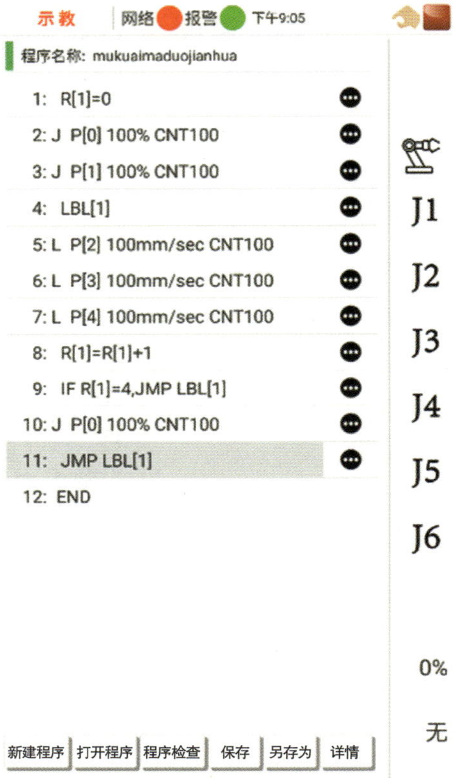

二、任务实施

搬运程序示例

（一）任务分析

每个取件位之间相距的尺寸完全相同，放件位之间相距的尺寸也完全相同。通过寄存器的运算，可以示教取件位的一个点位和放件位的一个点位，其他点位可通过运算得到，从而减少任务的示教点位。

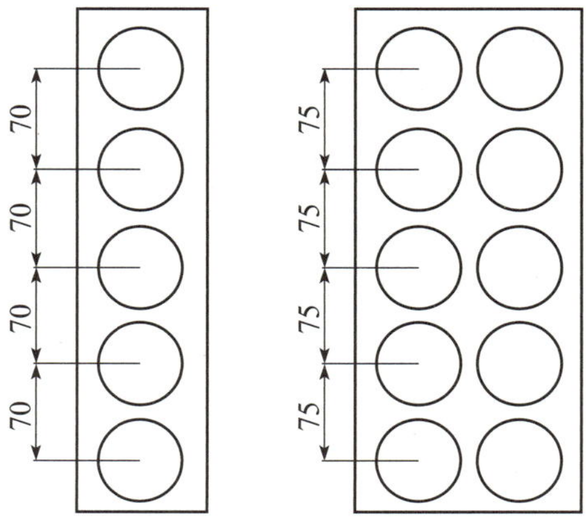

（二）搬运程序示例

J P[0] 100% FINE；

机器人返回参考点

J P[1] 100% FINE；

到安全点

J PR[2] 100% FINE；

移动工具到工件旁

PR[2，1]= PR[2，1]–60；

位置运算，使其数据到达拾取点位置

L PR[2] 80mm/sec FINE；

靠近工件到拾取点

Y[1,1]=ON；

夹具夹紧

WAIT 2 sec；

等待 2s

PR[2，2]= PR[2，2]+50；

位置运算，使其数据到达拾取点位置

L PR[2] 80mm/sec FINE；

夹持工件抬起

PR[2，1]= PR[2，1]+60；

位置数据 Y 轴复位

PR[2，2]= PR[2，2]–50；

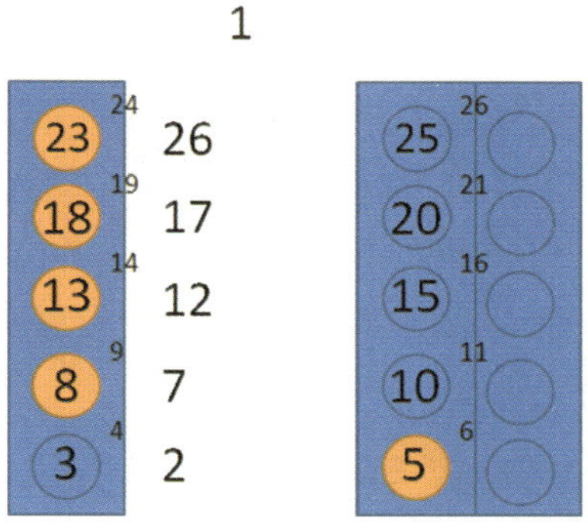

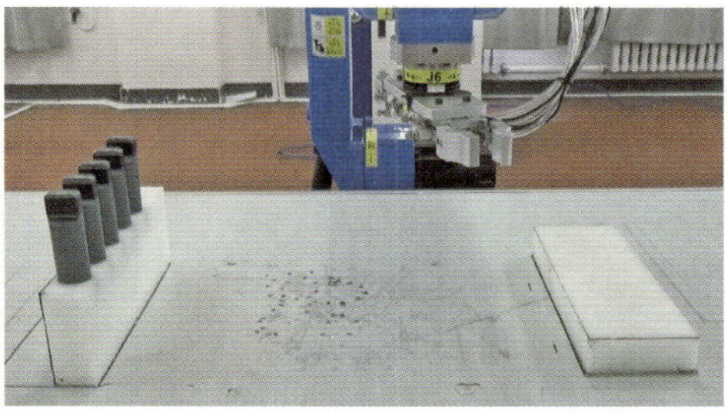

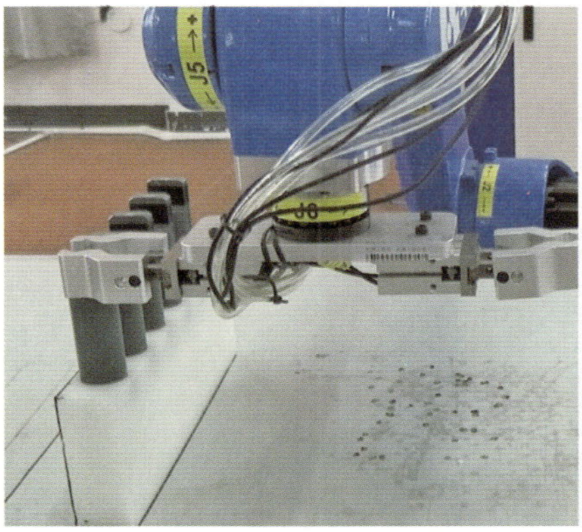

<table>
<tr>
<td>位置数据 Z 轴复位
PR[2，0]= PR[2，0]−70；
第二个工件取件位置设定，为后续工件搬运做准备
J P[1] 100% FINE；
到安全点
L PR[3] 80mm/sec FINE；
移动到放置点上方
PR[3，2]= PR[3，2]-50；
位置运算，使其数据到达放置点位置
L PR[3] 80mm/sec FINE；
移动到放置点
Y[1,1]=OFF；
夹具松开
PR[3，2]= PR[3，2]+50；
位置运算，使其数据到达放置点位置
L PR[3] 80mm/sec FINE；
松开工件抬起
PR[2，0]= PR[2，0]−75；
第二个工件放置位置设定，为后续工件搬运做准备
J P[1] 100% FINE；
到安全点
……</td>
<td>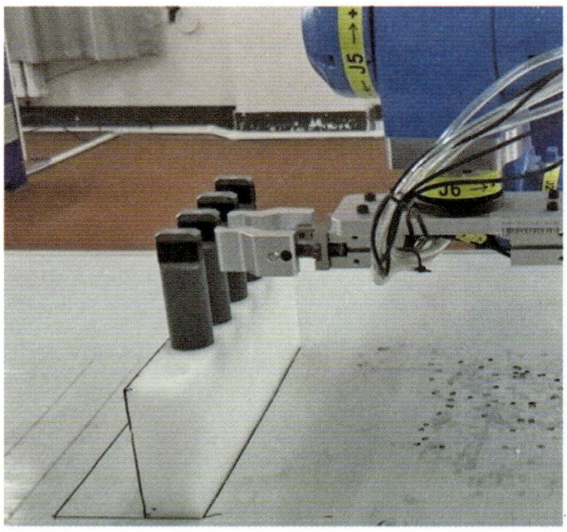

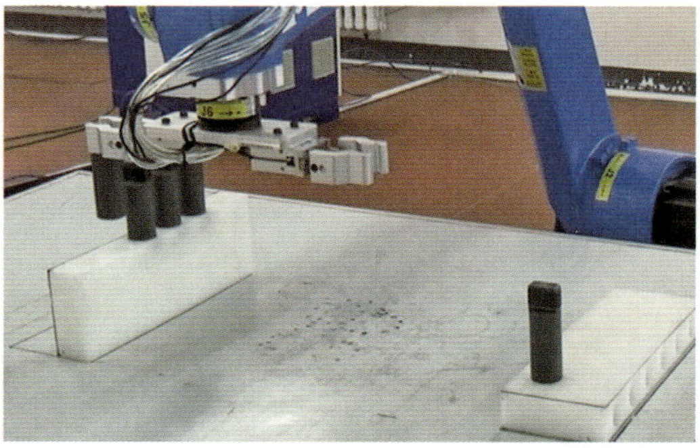

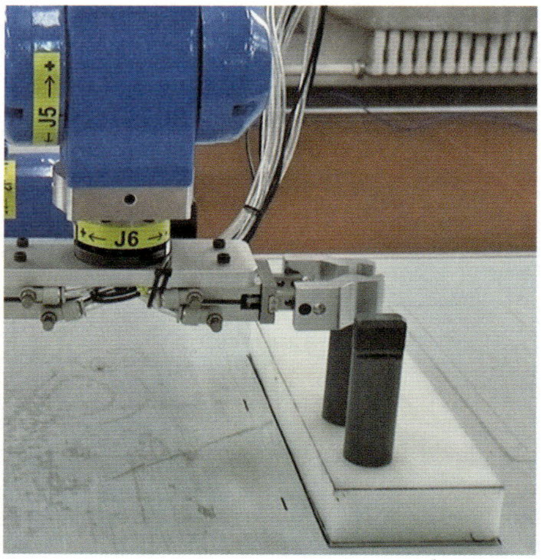

复制之前的步骤即可完成后续所有工件的搬运，复制数量可以根据工件数量确定。</td>
</tr>
</table>

（三）通过寄存器进一步优化程序

R[1]=0；	循环计数器
LBL[1]；	循环标签 1
J P[0] 100% FINE；	机器人返回参考点
J P[1] 100% FINE；	到安全点
J PR[2] 100% FINE；	移动工具到工件旁
PR[2，1]= PR[2，1]-60；	位置运算，使其数据到达拾取点位置
L PR[2] 80mm/sec FINE；	靠近工件到拾取点
Y[1,1]=ON；	夹具夹紧
WAIT 2 sec；	等待 2s
PR[2，2]= PR[2，2]+50；	位置运算，使其数据到达拾取点位置
L PR[2] 80mm/sec FINE；	夹持工件抬起
PR[2，1]= PR[2，1]+60；	位置数据 Y 轴复位
PR[2，2]= PR[2，2]-50；	位置数据 Z 轴复位
PR[2，0]= PR[2，0]-70；	第二个工件取件位置设定，为后续工件搬运做准备
J P[1] 100% FINE；	到安全点
L PR[3] 80mm/sec FINE；	移动到放置点上方
PR[3，2]= PR[3，2]-50；	位置运算，使其数据到达放置点位置
L PR[3] 80mm/sec FINE；	移动到放置点
Y[1,1]=OFF；	夹具松开
PR[3，2]= PR[3，2]+50；	位置运算，使其数据到达放置点位置
L PR[3] 80mm/sec FINE；	松开工件抬起
PR[2，0]= PR[2，0]-75；	第二个工件放置位置设定，为后续工件搬运做准备
R[1]=R[1]+1；	计数器加 1（保证程序循环可以结束）
IF R[1] ≤ 5,JMP LBL[1]；	设定工件数量
J P[1] 100% FINE；	到安全点
END	程序结束

码垛程序示例

(一) 任务说明

本次任务是利用工业机器人在料仓中取出小木块，然后在指定位置将小木块码成2层5×5的方阵（密铺，木块之间没有缝隙，右图是为了让大家看清木块排列状态，所以留有缝隙）。需要进行任务规划、程序编制、程序调试等工作。

要求：简化前面编制的小木块码垛程序。

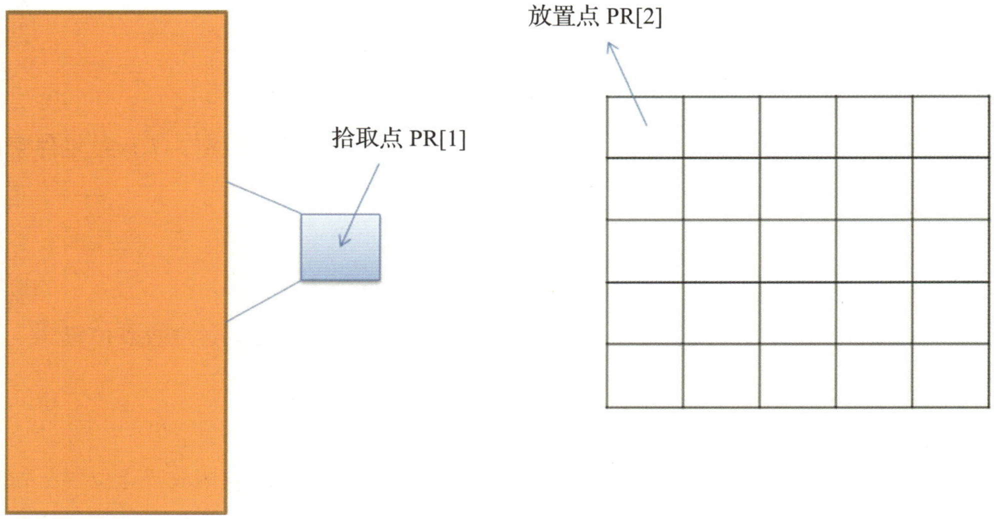

(二) 准备工作

1. 运动规划

机器人码垛运动可分解为“检测传送线信息”“抓取工件”“判断放置位置”“放置工件”等一系列子任务，并进一步分解为“计算码垛放置位置”“移动到抓取安全位置”“抓取工件”“移动到放置安全位置”“放置工件”等一系列动作。

路径规划可以根据实际情况安排。

2. I/O 配置

本任务中使用吸盘来吸取工件，气动吸盘的打开与关闭通过 I/O 信号控制。华数工业机器人控制系统提供了完备的 I/O 通信接口，可以方便地与周边设备进行通信。本系统的 I/O 板提供的常用信号处理有输入信号 X 和输出信号 Y。输入 / 输出主要是对这些输入 / 输出状态进行管理和设置。

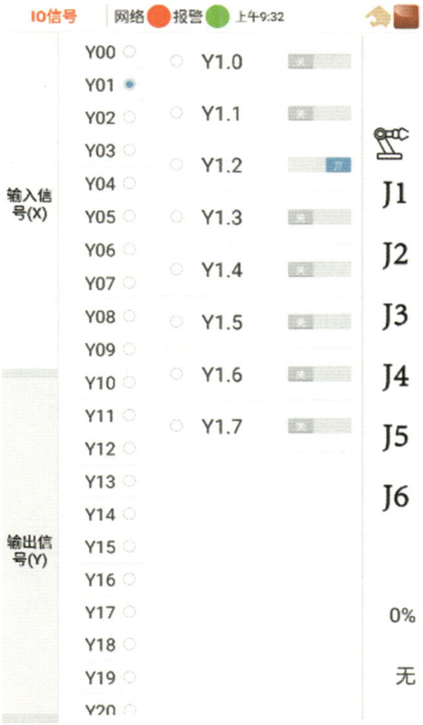

3. 坐标系设定

工业机器人用吸盘从料仓逐个吸取小木块，然后放置到指定位置，因为运动轨迹相对简单，示教取点较容易，所以可以在基坐标系下编程，不需要建立新的工具坐标系。

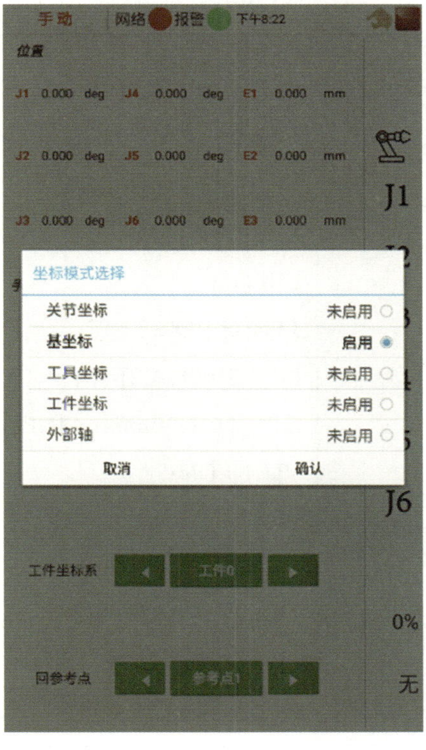

三、样例程序

码垛程序示例（第一层第一行 5 个小木块）	J P[0] 100% FINE;	机器人返回参考点
	J P[1] 100% FINE;	到安全点
	PR[1,2]=PR[1,2]+50;	计算拾取点上方点
	J PR[1] 100% FINE;	吸盘运动到拾取点上方
	PR[1,2]=PR[1,2]-50;	计算拾取点
	L PR[1] 100mm/sec FINE;	吸盘运动到拾取点
	Y[1,1]=ON;	吸盘吸气，拾取工件
	WAIT 1 sec;	等待 1s
	PR[1,2]=PR[1,2]+50;	计算拾取点上方点
	J PR[1] 100% FINE;	吸盘运动到拾取点上方
	J P[1] 100% FINE;	到安全点
	PR[2,2]=PR[2,2]+50;	计算放置点上方点
	J PR[2] 100% FINE;	吸盘运动到放置点上方
	PR[2,2]=PR[2,2]-50;	计算放置点
	L PR[2] 100mm/sec FINE;	吸盘运动到放置点
	Y[1,1]=OFF;	吸盘放气，放置工件
	PR[2,2]=PR[2,2]+50;	计算放置点上方点
	J PR[2] 100% FINE;	吸盘运动到放置点上方
	J P[1] 100% FINE;	到安全点
	R[1]=2;	寄存器赋值为 2
	LBL[1];	标签 1
	J PR[1] 100% FINE;	吸盘运动到拾取点上方
	PR[1,2]=PR[1,2]-50;	计算拾取点
	L PR[1] 100mm/sec FINE;	吸盘运动到拾取点
	Y[1,1]=ON;	吸盘吸气，拾取工件
	WAIT 1 sec;	等待 1s
	PR[1,2]=PR[1,2]+50;	计算拾取点上方点
	J PR[1] 100% FINE;	吸盘运动到拾取点上方
	J P[1] 100% FINE;	到安全点
	PR[2,1]=PR[2,1]+30;	计算放置点上方点

码垛程序示例（第一层第一行 5 个小木块）	J PR[2] 100% FINE； PR[2,2]=PR[2,2]-50； L PR[2] 100mm/sec FINE； Y[1,1]=OFF； PR[2,2]=PR[2,2]+50； J PR[2] 100% FINE； J P[1] 100% FINE； R[1]=R[1]+1； IF R[1]<=5,JMP LBL [1]； J P[0] 100% FINE； ……	吸盘运动到放置点上方 计算放置点 吸盘运动到放置点 吸盘放气，放置工件 计算放置点上方点 吸盘运动到放置点上方 到安全点 寄存器计数加 1 如果 R1 小于等于 5 则跳至标签 1 回零点 ……
注意	简化程序的方式有多种，路径规划不同，简化之后的程序也不同。大家可以思考一下，后续程序如何编制可以更简单明了。	

四、考核与评价

序号	评估内容	自评	互评	师评
基本素养（30分）				
1	纪律（无迟到、早退、旷课)(10分)			
2	安全规范操作（10分）			
3	参与度，团队协作能力，沟通交流能力（10分）			
理论知识（20分）				
1	标签指令（10分）			
2	无条件跳转指令（10分）			
技能操作（50分）				
1	独立完成码垛简化程序的编写（10分）			
2	寄存器指令的应用（10分）			
3	程序校验（10分）			
4	码垛简化程序手动运行（10分）			
5	程序自动运行（10分）			
综合评价				

任务 6 工业机器人简单焊接程序的编制

<table>
<tr><td>工作任务</td><td>工业机器人简单焊接程序的编制</td><td>教学模式</td><td>任务驱动</td></tr>
<tr><td>建议学时</td><td>6 学时</td><td>教学地点</td><td>机器人实验室</td></tr>
<tr><td>任务描述</td><td colspan="3">通过操作工业机器人完成焊接任务，了解工业机器人如何控制焊枪，如何使焊枪在焊接过程中与焊接表面保持正确的角度和恒定的距离。</td></tr>
<tr><td>素养提升</td><td colspan="3">（1）培养严谨端正的学习态度、求真务实的工作作风，努力成为新时期具体匠心精神的优秀技术人才。
（2）培养民族自豪感，坚定文化自信。
（3）培养沟通交流、团队协作的意识，养成自我学习的习惯，具备分析与解决实际问题的能力。</td></tr>
<tr><td>技能目标</td><td colspan="3">（1）能够熟练应用“输入 / 输出条件等待指令”编写程序。
（2）能够熟练设定工业机器人的工具坐标系。
（3）能够完成焊接运动的示教。</td></tr>
<tr><td>设备器材</td><td colspan="3">华数六轴工业机器人（HSR-6）</td></tr>
<tr><td>学习思路</td><td colspan="3">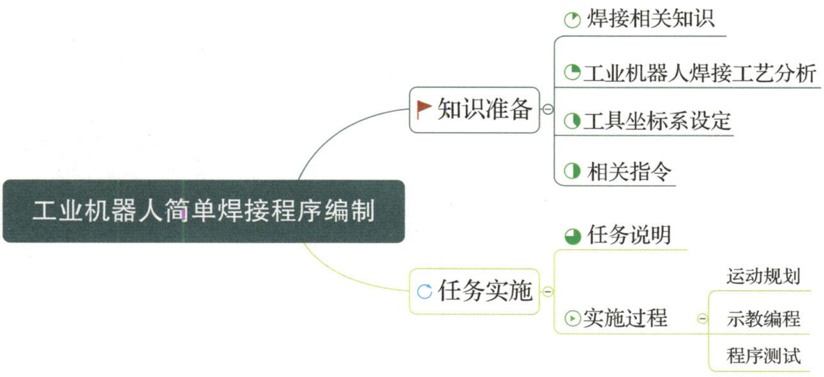
</td></tr>
</table>

一、知识准备

(一) 焊接相关知识

1. 机器人用脉冲气保焊机系统

焊机系统选用华巍中兴电气有限公司的NBM-R系列脉冲气保焊机。

NBM-R系列脉冲气保焊机是机器人专用脉冲MIG/MAG气体保护焊机，采用先进的IGBT逆变技术制造，具有优异的静态及动态特性，焊接电弧十分稳定，在脉冲状态下可实现无飞溅焊接。不论是短路过渡、颗粒过渡还是射流过渡，均具有良好的焊接质量，焊缝成形美观。该系列气保焊机可对不锈钢、铝及铝合金、铜及铜合金、碳钢、低合金钢等薄、中、厚板进行高质量焊接，满足各种气体保护焊接的工艺要求。

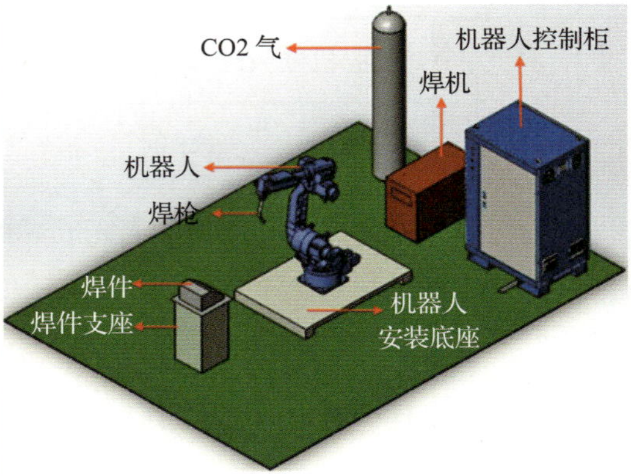

NBM-R系列脉冲气保焊机的主要配件包括焊枪、送丝机构、焊丝及焊丝安装机构等。

2. 华巍 NBM-500R 焊机接线板布局

（1）焊机输出正极（接到送丝机）。

（2）焊机控制线及送丝机控制线（分别接到PLC输出点，D/A模块及送丝机，气阀开关）。

（3）焊机输出负极（接到焊接工件）。

3. 送丝机的接线说明

（1）接焊机输出正极。

（2）送丝轮。

（3）送丝进口。

（4）送丝张力调节装置。

（5）固定底座。

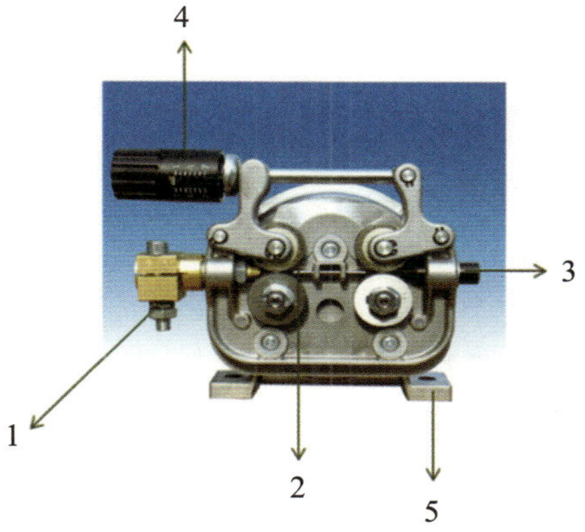

4. 焊接的定义

焊接是指通过加热或加压，或者两者并用，采用（或不用）填充材料对同种（或异种）金属材料实现原子之间结合的加工方法。

通常，不同的机器人应配置不同的工具，例如，弧焊机器人将弧焊枪作为工具，而用于搬运板材的机器人将吸盘式夹具或者气动卡爪作为工具。需要根据实际情况调整工具坐标系。

机器人控制系统支持 16 个工具坐标系设定。点击“工具坐标设定”，可设置相应工具坐标系或工件坐标系的各个坐标值。

5. 常见的熔化焊方法

- 熔化焊接
  - 电弧焊
    - 熔化极
      - 手工焊
      - CO_2
      - 埋弧焊
      - MAG
      - MIG
    - 非熔化极
      - TIG
      - 等离子弧焊
  - 气焊
  - 铝热焊
  - 电渣焊
  - 激光焊
  - 电子束焊

6. 焊接电流

焊丝直径（mm）	焊接电流（A）
0.8	40 ～ 100
1.0	80 ～ 250
1.2	110 ～ 350
1.6	≥ 300

7. 焊接电压

对于 CO_2 焊，焊接电流小于或等于 200A 时：

$$电弧电压 = 0.04I + 16 \pm 1（V）$$

焊接电流大于 200A 时：

$$电弧电压 = 0.04I + 20 \pm 2（V）$$

焊接电压与电弧电压匹配得是否恰当，可根据试焊时的焊接声音、手感、焊缝成形情况、飞溅大小来判断，并进行修正。

8. 焊接速度

焊接速度是重要的焊接工艺参数之一。焊接时，电弧将熔化金属吹开，在电弧下方形成一个凹坑，随后将熔化的焊丝金属填充进去，若焊接速度太快，凹坑不能被完全填满，将产生咬边、下陷、未熔合的情况，或由于保护气体破坏，产生气孔；若焊接速度太慢，熔敷金属堆积在电弧下方，熔深减少，会产生焊缝不均匀、未熔合、未焊透等缺陷。

在焊丝直径、焊接电流、电弧电压不变的情况下，焊接速度增加，熔宽与熔深都会减小。机器人自动焊时，$\Phi 1.0$ 的焊丝通常匹配的焊接速度为 15 ～ 40cm/min。

9. 焊枪倾角

焊接过程中，焊枪轴线和焊缝轴线的夹角称为焊枪的倾斜角度，简称焊枪倾角。

焊枪倾角是不容忽视的因数。焊枪倾角在 80° ～ 110° 时，不论是前倾还是后倾，对焊接过程及焊缝成型都没有明显影响。

直线焊接时，焊枪的运动方向有两种：一种是焊枪自右向左移动，称为左焊法；另一种是焊枪自左向右移动，称为右焊法。采用右焊法时，熔池能得到良好的保护，且加热集中，热量可以得到充分利用，同时，电弧的吹力会将熔池金属推向后方，可以得到外形比较丰满的焊缝。但右焊法不易准确掌握焊接方向，容易焊偏，尤其是对接焊缝则更为明显。采用左焊法时，电弧对焊件金属有预热作用，能得到较大的熔深，焊缝形状可以得到改善。

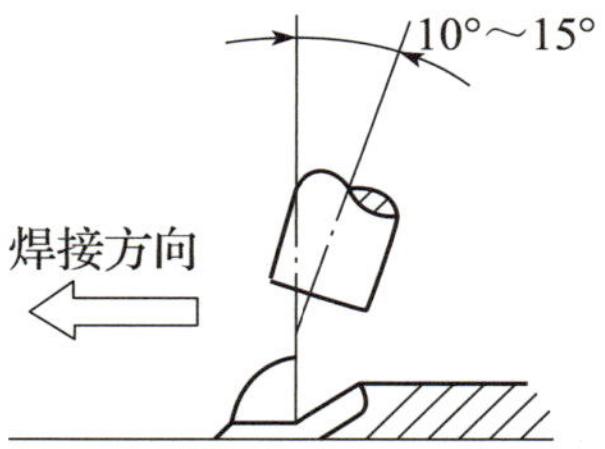

（a）

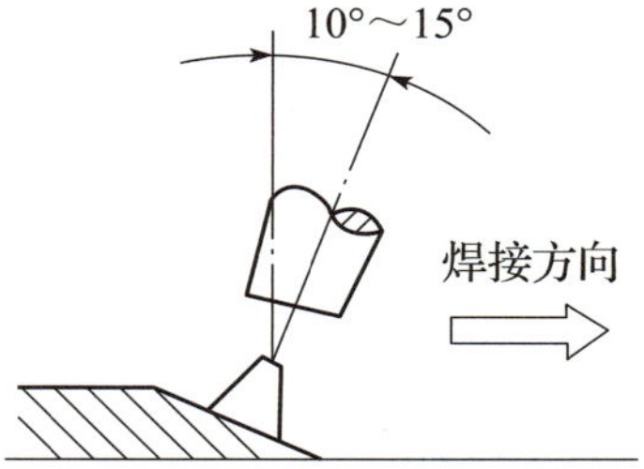

（b）

（二）电弧焊指令

电弧焊指令实现：以指定的焊接参数沿规划轨迹完成电弧焊任务，主要包括焊接指令和摆动指令。 焊接指令包括焊接开始指令和焊接结束指令。 **1. 焊接开始指令** 焊接开始指令用于指定焊接机输出的焊接电压与焊接电流。在程序示教过程中，将光标移动至电弧焊指令处，点击“确定”按钮即可弹出电弧焊指令选择窗口。 该指令的应用方式有 3 种： （1）使用指定的数字代表的焊接条件号。 （2）使用指定的 R 寄存器地址代表的焊接条件号。 （3）使用指定的电压值和电流值。	Arc_Start[i] i——焊接条件号，1 ～ 32 Arc_Start[V，A] V——焊接电压，0.0 ～ 50.0V A——焊接电流，0.0 ～ 450.0A 使用方法： ARC_START[16] ARC_START[R[12]] ARC_START[20V,180A]
2. 焊接结束指令 焊接结束指令用于指定焊接机结束焊接时的收弧电压、收弧电流以及收弧时间。 焊接结束指令的应用方式与焊接开始指令基本相同。	Arc_End[i] i——焊接条件号，1 ～ 32 Arc_End[V，A,sec] V——收弧电压，0.0 ～ 50.0V A——收弧电流，0.0 ～ 450.0A sec——收弧时间 使用方法： ARC_END[11] ARC_END[24V,33A,0.3sec]

注意：对于合法的机器人焊接程序，一个 Arc_Start 指令出现时，必须有一个 Arc_End 指令在其后面与之对应；反之亦然。一对 Arc_Start 和 Arc_End 指令不能在另一对指令间嵌套出现。

3. 摆动指令

与一般的工业机器人相比，人们对弧焊机器人有一些特殊的功能要求，其中就包括焊枪摆动功能。

摆动开始指令分为 3 种：正弦型（_S）、圆弧型（_C）、8 字型（_8）。每种类型对应的摆动开始指令都可以通过 3 种方式应用：

（1）使用指定数字代表的摆动条件号。

（2）使用指定的 R 寄存器地址代表的摆动条件号。

（3）使用指定的频率、振幅、左极点停顿时间和右极点停顿时间。

使用方法：

WEAVE_S[7]（正弦型）

WEAVE_C[R[12]]（圆弧型）

WEAVE_8[50Hz,10mm,osec,Osec]（8 字型）

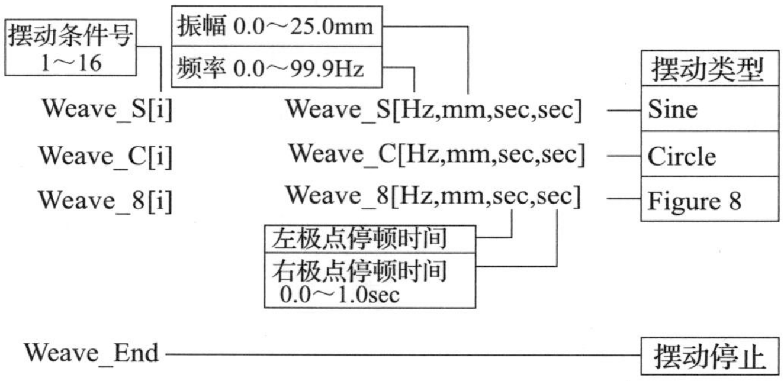

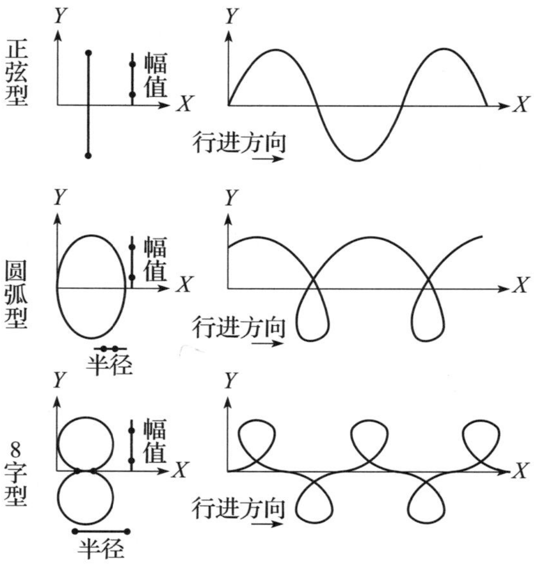

4. 摆动结束指令

摆动结束指令用于结束当前的摆动开始指令所设定的摆动方式。

使用方法：WEAVE_END

注意：新的摆动开始指令可以注销原摆动开始指令的摆动条件和摆动类型，机器人摆动直至运行到 WEAVE_END（摆动结束指令）或程序运行完毕便会停止。

常用的电弧焊程序主要包括以下 5 部分：

示例：

```
WEAVE_S[1Hz,5mm,osec,Osec]
ARC_START[20V,100A]
L P[2] 100mm/sec FINE
L P[3] 100mm/sec FINE
ARC_END[20V,100A,Osec]
WEAVE_END
```

（三）简易电弧焊步骤

（1）摆动开始：调用摆动开始指令，根据工艺要求设定摆动类型和摆动参数。焊枪开始摆动运动。

（2）焊接开始：选择焊接开始指令，根据材料及焊接条件选择合适的焊接参数。焊接机开始工作。

（3）焊枪沿规划轨迹运动：根据实际焊接需要，示教焊枪移动的轨迹。此步骤主要通过调用“示教”菜单下的其他指令（主要为运动指令）来完成。

（4）焊接结束：调用焊接结束指令，完成电弧焊的收弧。焊接机完成工作。

（5）摆动结束：调用摆动结束指令，焊枪结束摆动运动，完成电弧焊操作。

（四）工具坐标系的作用

在进行焊接编程之前，需要构建必要的编程环境，工具数据需要在编程前定义。工具坐标系用于描述安装在机器人第六轴上的工具的 TCP、位姿等参数。

HSR-6 工业机器人默认的工具中心点位于第五轴和第六轴的交点，即位于机器人手腕的中心点。

HSR-6 工业机器人控制系统支持 16 个工具坐标系设定。

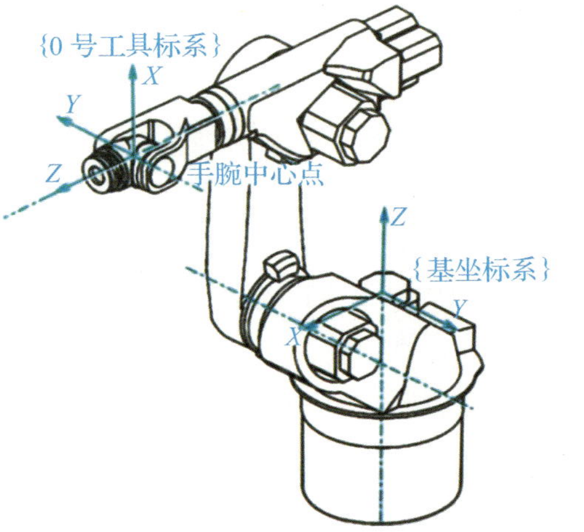

二、任务实施

（一）任务说明

如右图所示，焊件厚度为 3mm，通过焊件支座固定。焊件上有 3 对形状相同、位置不同的冲压焊缝，坡口形式为 I 型坡口对接，3 对焊缝依次为水平位置、30° 位置和 45° 位置，有利于对机器人进行不同位置的示教编程焊接培训。

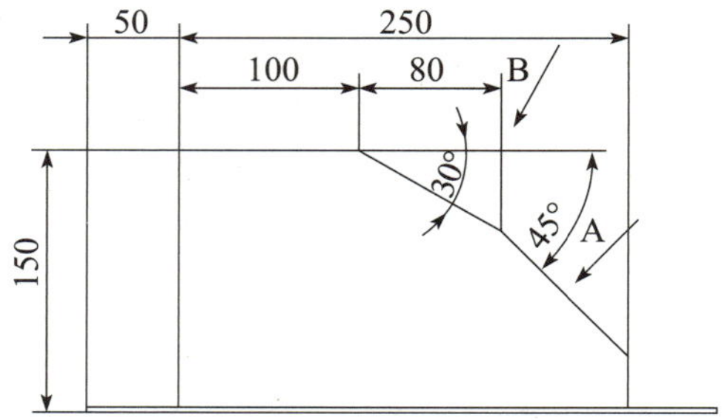

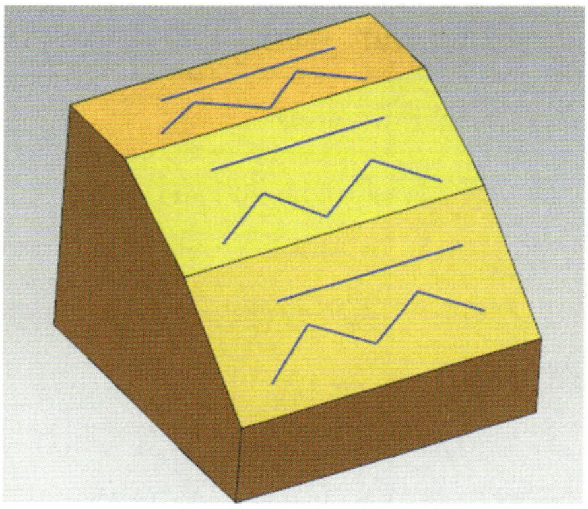

（二）运动规划

1. 路径规划

焊接机器人从原点位置 P[0] 关节运动到 P[1] 位置→直线运动到 P[2] →起弧焊接→直线运动到 P[3] →直线运动到 P[4] →直线运动到 P[5] →直线运动到 P[6] →收弧→关节运动到 P[0] 位置。

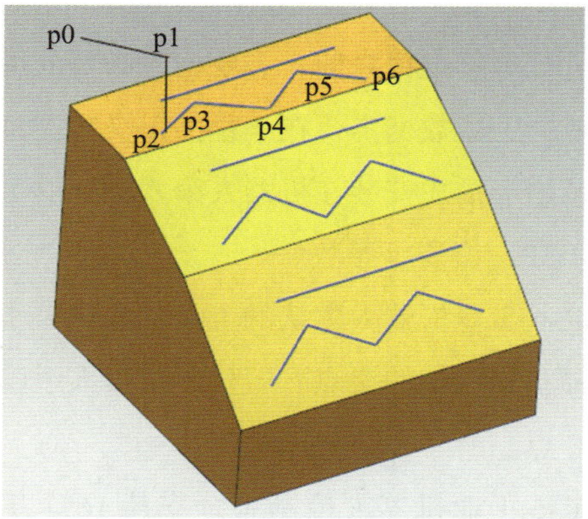

2. I/O 配置 本任务需通过外部 I/O 信号启动机器人执行焊接工作，焊枪的打开与关闭也需要通过 I/O 信号控制。	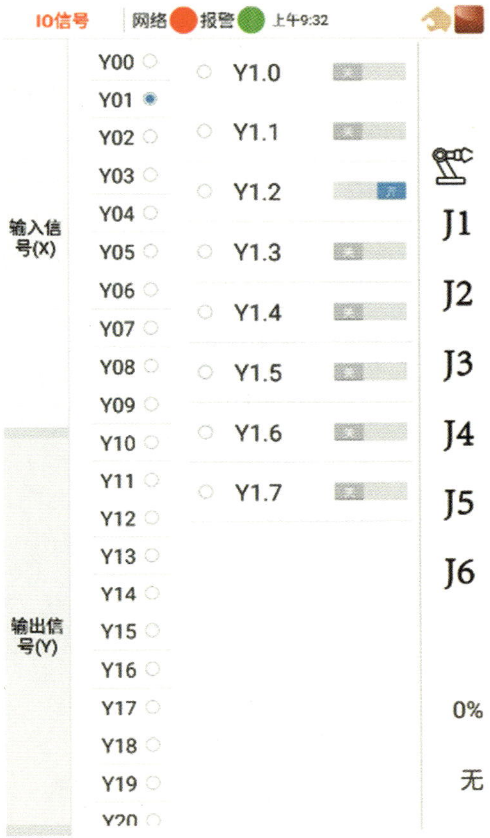

（三）工具坐标系的设定原理

（1）在机器人工作范围内找一个非常精确的固定点作为参考点。 （2）在工具上确定一个参考点（最好是工具的中心点）。 （3）手动操作机器人去移动工具上的参考点，以 3 种或 6 种不同的机器人姿态与固定点刚好碰上即可。	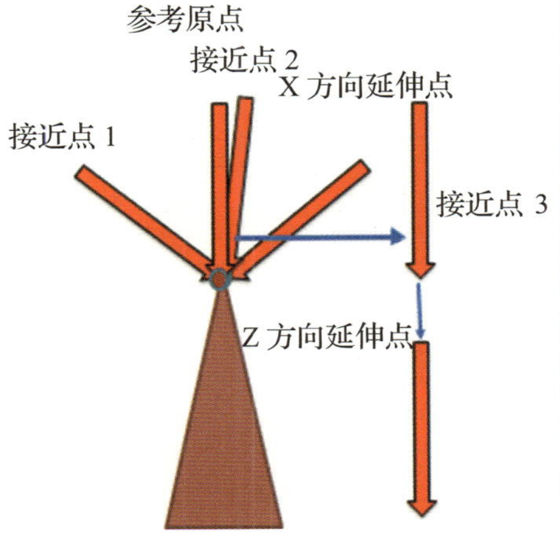

TCP 取点数量的区别：
三点法，不改变 TOOL0 的坐标方向。
六点法，改变 TOOL0 的 X 和 Z 方向，是焊接时的常用方法。前三个点的姿态相差尽量大一些，这样有利于提高 TCP 精度。

（四）工具坐标系设定

工具坐标系设定

（1）点击主菜单，选择“设置”。

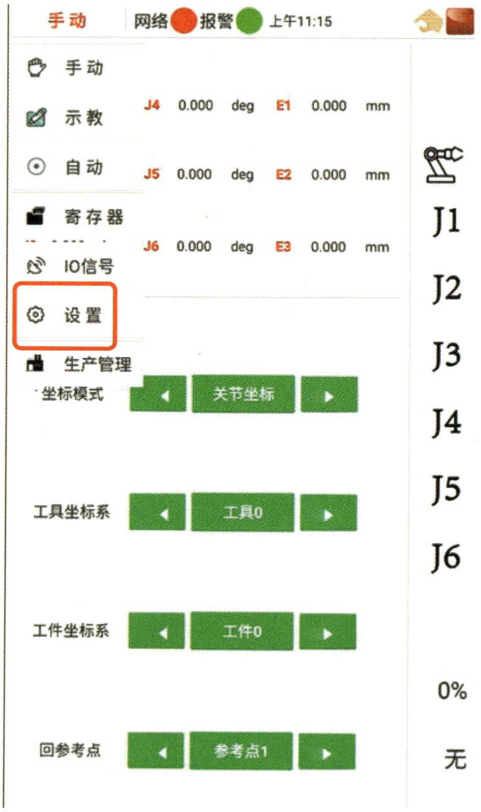

（2）点击“工具坐标系设定”。

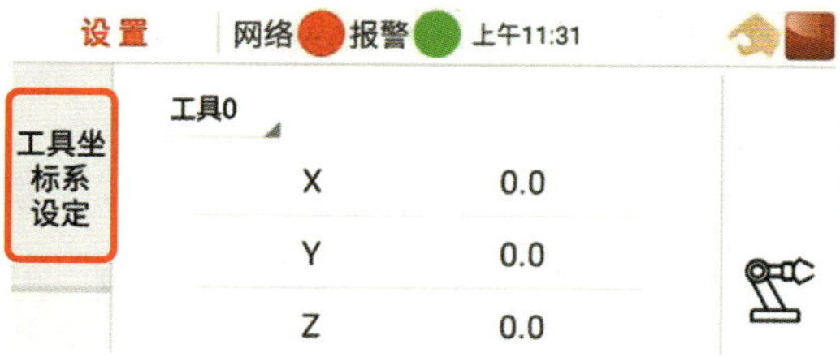

<table>
<tr>
<td>（3）选择即将设置的工具号，工具 0 是默认工具坐标系，不可设置。</td>
<td>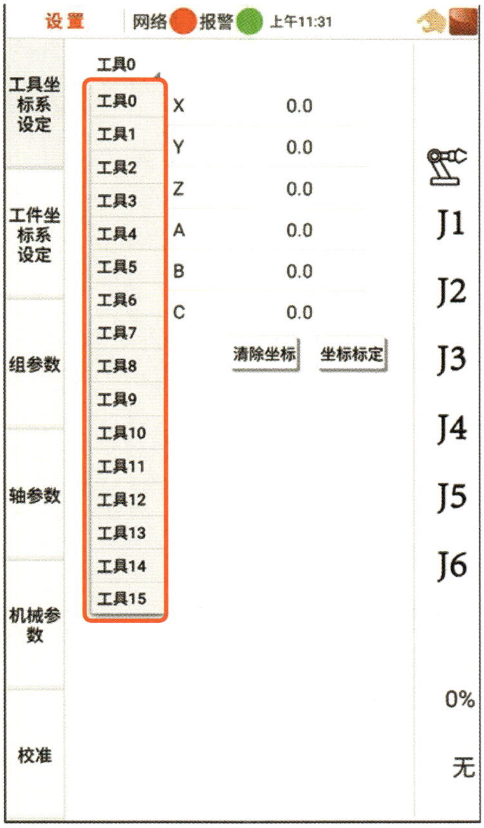
</td>
</tr>
<tr>
<td>（4）选定工具坐标系后，点击“坐标标定”。</td>
<td>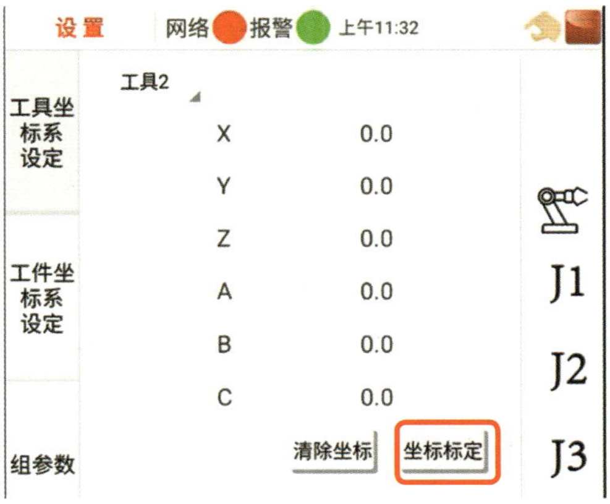
</td>
</tr>
</table>

<table>
<tr>
<td>（5）选择“六点标定”。</td>
<td>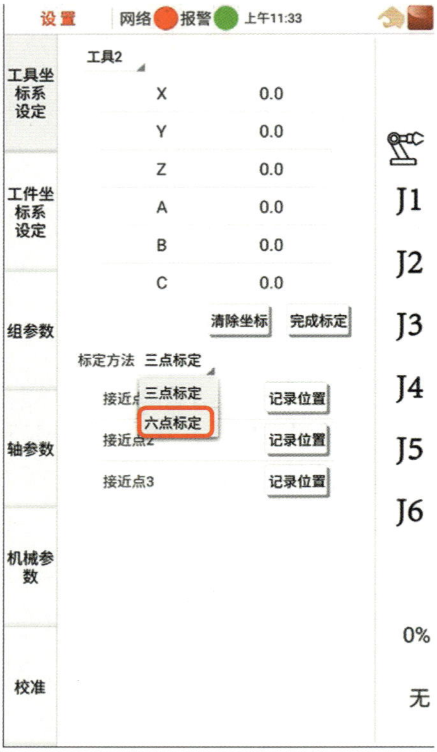
</td>
</tr>
<tr>
<td>（6）控制机器人的焊枪以不同姿态接触同一点，记录接近点 1、2、3。</td>
<td>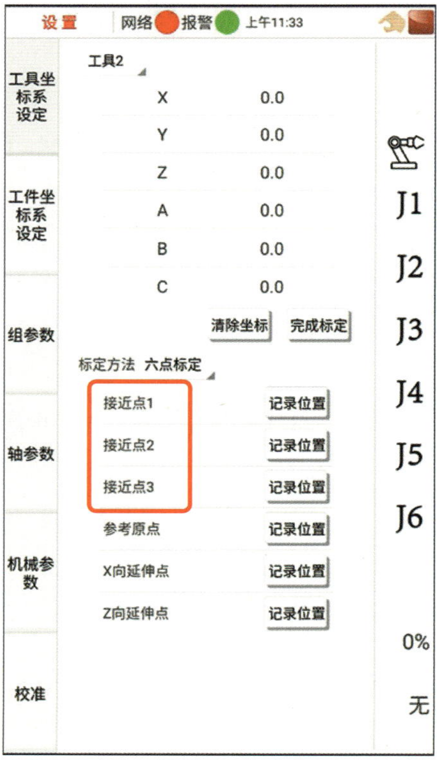
</td>
</tr>
</table>

（7）标定参考原点位置时，要求机器人的焊枪的 Z 轴和默认工具坐标系的 Z 轴重合（+、- 方向无所谓）。	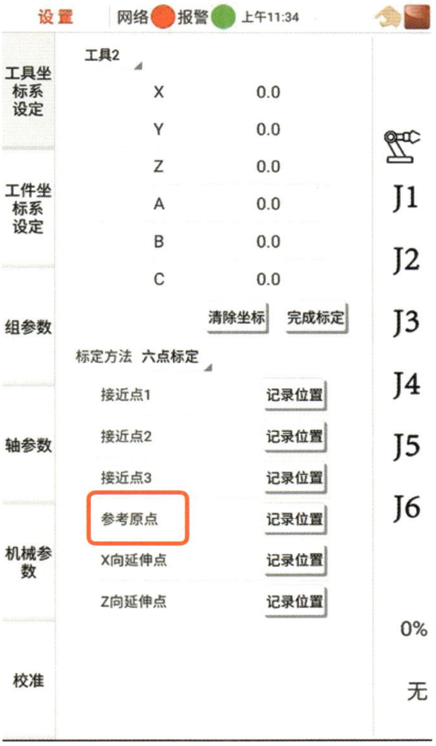
（8）X 向延伸点指的是在当前工具的当前位姿状态下，用户将要标定的工具坐标系的 X 轴的正方向上的延伸点。	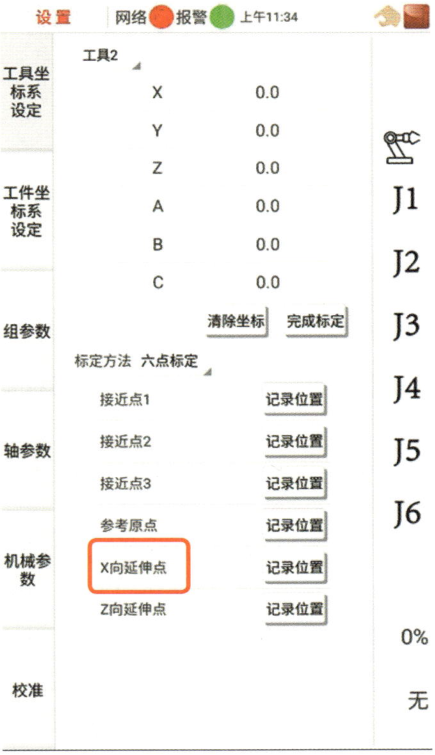

<table>
<tr>
<td>（9）Z 向延伸点指的是在当前工具的当前位姿状态下，用户将要标定的工具坐标系的 Z 轴的正方向上的延伸点。</td>
<td>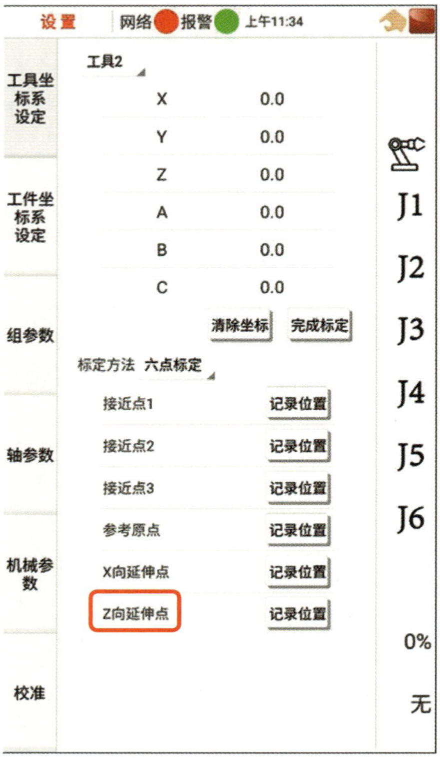
</td>
</tr>
<tr>
<td>（10）6 个点都记录之后，点击“完成标定”。</td>
<td>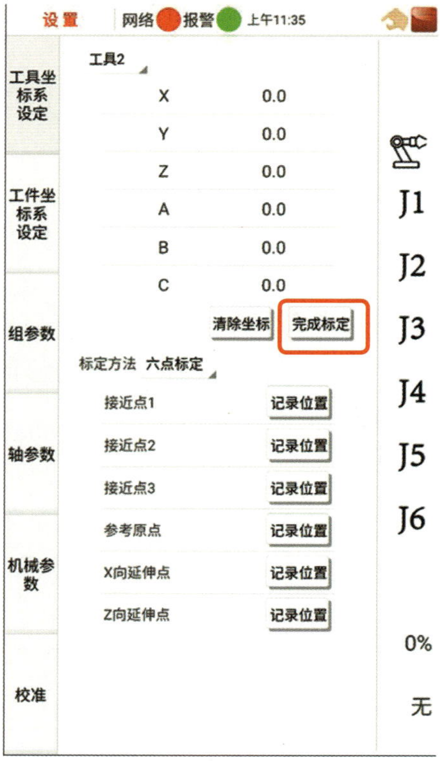
</td>
</tr>
</table>

三、样例程序

第一个平面焊接程序	Y[2，3]=ON； 设置为普焊 R[0]=20； 焊接速度，机器人赋值 J P[0] 100% FINE； 运动到焊接机器人原点位置 J P[1] 100% FINE； 运动到焊接起点的正上方 L P[2] 100mm/sec FINE； 运动到焊件焊缝的起点 ARC_START[24V,200A]； 焊接开始 L P[3] R[0]mm/sec FINE； 焊接焊缝 1 L P[4] R[0]mm/sec FINE； 焊接焊缝 2 L P[5] R[0]mm/sec FINE； 焊接焊缝 3 L P[6] R[0]mm/sec FINE； 焊接焊缝 4 ARC_END[24V,200A,0sec]；	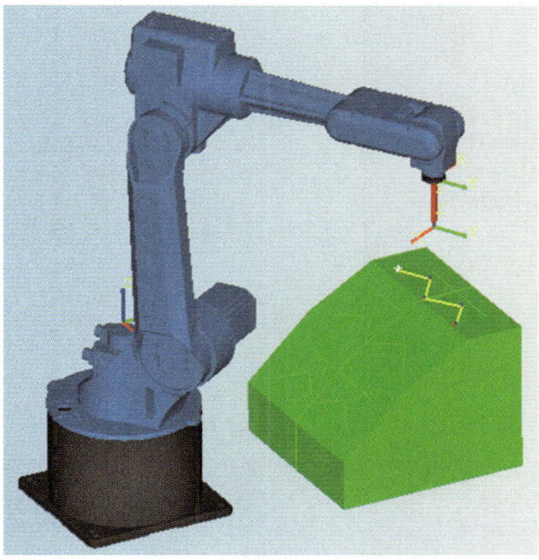 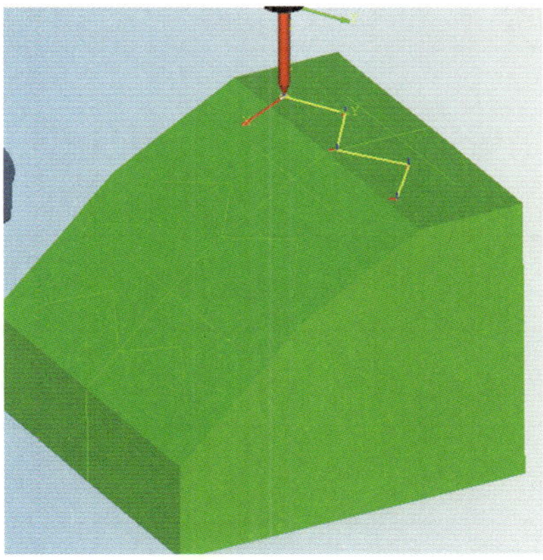 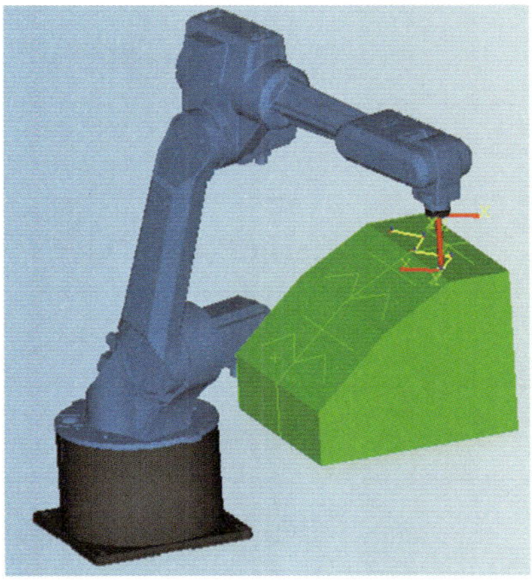

第一个平面焊接程序	收弧 J P[0] 100% FINE； 运动到焊接机器人原点位置	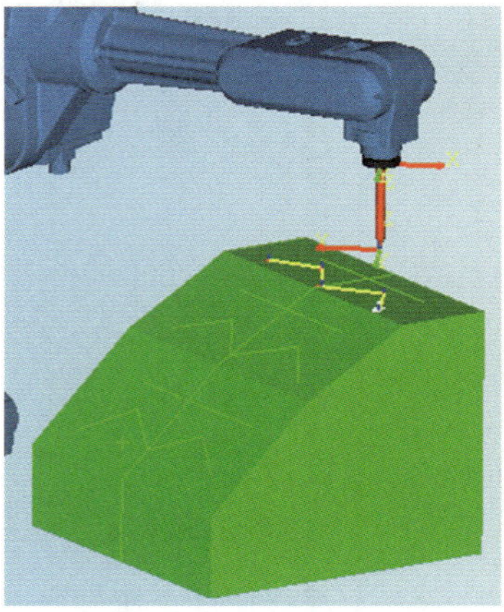

四、考核与评价

序号	评估内容	自评	互评	师评
	基本素养（30 分）			
1	纪律（无迟到、早退、旷课)(10 分)			
2	安全规范操作（10 分）			
3	参与度，团队协作能力，沟通交流能力（10 分）			
	理论知识（20 分）			
1	机器人工具坐标系的建立（10 分）			
2	条件输入 / 输出指令的应用（10 分）			
	技能操作（50 分）			
1	独立完成焊接程序的编写（10 分）			
2	独立完成焊接程序关节位置数据记录（10 分）			
3	程序校验（10 分）			
4	焊接程序手动运行（10 分）			
5	程序自动运行（10 分）			
综合评价				

任务 7 工业机器人箱体类零件焊接程序的编制

工作任务	工业机器人箱体类零件焊接程序的编制	教学模式	任务驱动
建议学时	4 学时	教学地点	机器人实验室
任务描述	通过对 HSR-6 工业机器人箱体类零件进行焊接编程，深入了解焊接任务规划、运动指令、等待指令、焊接指令，进而具备独立完成整个箱体类零件的焊接示教编程的能力。		
素养提升	（1）培养严谨端正的学习态度、求真务实的工作作风，努力成为新时期具体匠心精神的优秀技术人才。 （2）培养民族自豪感，坚定文化自信。 （3）培养沟通交流、团队协作的意识，养成自我学习的习惯，具备分析与解决实际问题的能力。		
技能目标	（1）能够熟练应用 HSR-6 工业机器人的焊接指令。 （2）能够熟练应用 HSR-6 工业机器人的摆动指令。 （3）能使用 HSR-6 工业机器人完成箱体类零件焊接程序的编制。		
设备器材	华数六轴工业机器人（HSR-6）		
学习思路	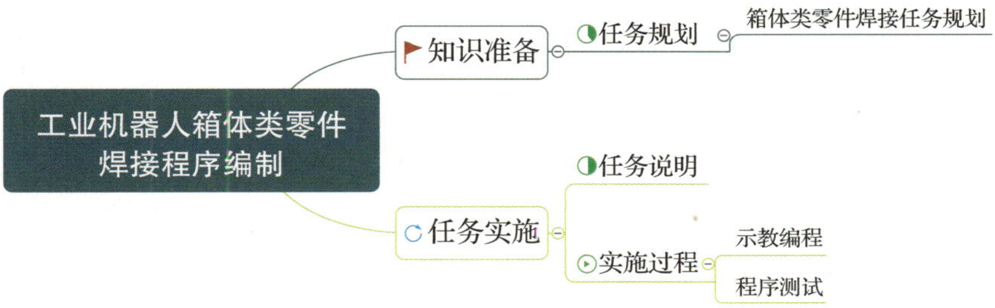		

一、知识准备

焊接任务规划

机器人焊接的动作可以分解为“等待焊枪控制信号”“打开焊枪”“焊接”“关闭焊枪”等一系列子任务，并进一步分解为“把焊枪移动到第一条轨迹线上”“把焊枪移动到焊接点”“打开焊枪”等一系列动作。

本任务中工作台的旋转不通过机器人控制。

注意：因为箱体类零件的焊缝不连续，所以需要不断地对焊枪进行“开、关”操作。

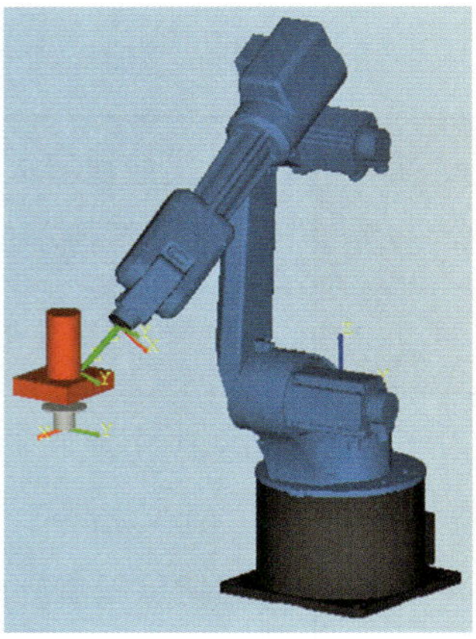

二、样例程序

箱体类零件焊接程序示例

```
J P[0] 100% FINE;
Y[2,3]=ON;
L P[1] 100% FINE;
WEAVE_S[1Hz,5mm,0sec,0sec];
ARC_START[20V,100A];
L P[2] 100mm/sec FINE;
L P[3] 100mm/sec FINE;
L P[4] 100mm/sec FINE;
L P[1] 100mm/sec FINE;
ARC_END[20V,100A,0sec];
WEAVE_END;
J P[0] 100mm/sec FINE;
L P[5] 100mm/sec FINE;
WEAVE_S[1Hz,5mm,0sec,0sec];
ARC_START[20V,100A];
```

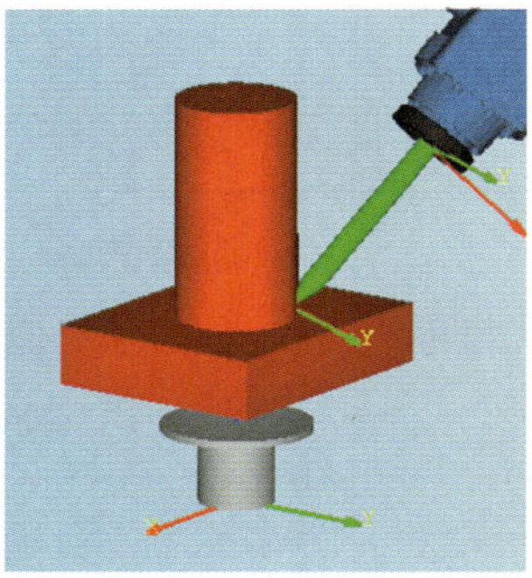

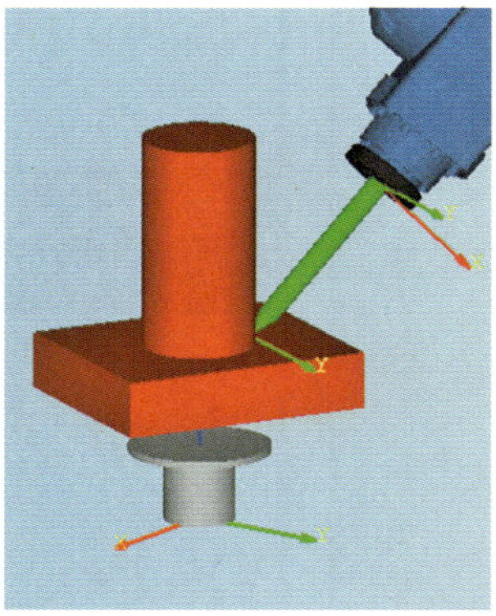

箱体类零件焊接程序示例	L P[6] 100mm/sec FINE; C P[7] P[8] 100mm/sec FINE; C P[9] P[6] 100mm/sec FINE; ARC_END[20V,100A,Osec]; WEAVE_END; L P[5] 100mm/sec FINE; J P[0] 100mm/sec FINE;	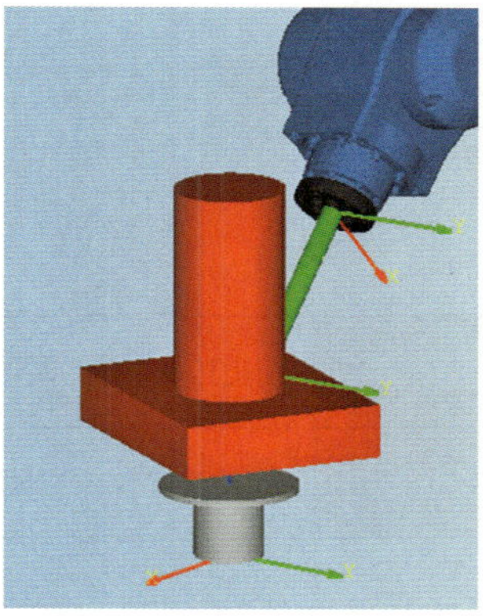

三、考核与评价

序号	评估内容	自评	互评	师评
基本素养（30 分）				
1	纪律（无迟到、早退、旷课)(10 分）			
2	安全规范操作（10 分）			
3	参与度，团队协作能力，沟通交流能力（10 分）			
理论知识（20 分）				
1	焊接程序指令格式（10 分）			
2	摆动指令格式（10 分）			
技能操作（50 分）				
1	独立完成箱体焊接程序示教（10 分）			
2	独立完成焊接运动位置数据记录（10 分）			
3	焊接指令、摆动指令应用正确（10 分）			
4	程序校验（10 分）			
5	程序运行示教（10 分）			
综合评价				

任务 8 工业机器人喷漆程序的编制

工作任务	工业机器人喷漆程序的编制	教学模式	任务驱动
建议学时	6 学时	教学地点	机器人实验室
任务描述	本任务利用 HSR-6 机器人对工件进行喷漆，机器人的作用是控制喷枪，使之在喷漆过程中与喷涂表面保持正确的角度和恒定的距离，通过学习，了解机器人在喷漆领域的应用，正确编写喷漆程序，创建目标点示教，进行程序调试，最终完成整个喷漆任务。		
素养提升	（1）培养严谨端正的学习态度、求真务实的工作作风，努力成为新时期具体匠心精神的优秀技术人才。 （2）培养民族自豪感，坚定文化自信。 （3）培养沟通交流、团队协作的意识，养成自我学习的习惯，具备分析与解决实际问题的能力。		
技能目标	（1）能够熟练应用圆弧运动指令编制直线轨迹程序。 （2）能够熟练应用 R、PR、LBL、IF、JMP 等指令编写程序。 （3）能够完成工业机器人喷漆运动的示教。		
设备器材	华数六轴工业机器人（HSR-6）		
学习思路	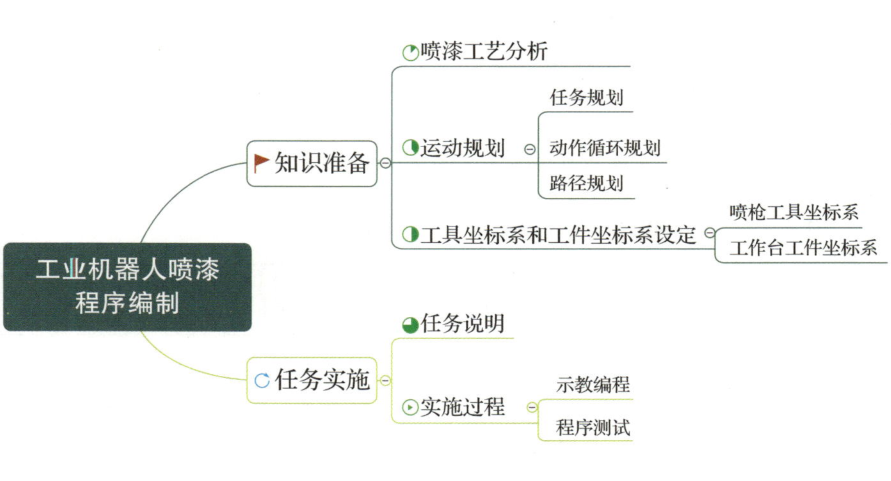		

一、知识准备

（一）喷漆机器人单元介绍

该喷漆机器人单元主要由一台工业机器人、一套工作台、一套喷漆装置、一个工作间（直接把机器人和工作台安装在其中）以及一套电气控制系统组成，主要结构如右图所示。

工件放在工作台上，通过定位装置固定位置，机器人带动喷漆装置进行喷漆。工件一面喷漆完成后，工作台转位，机器人回到原点开始喷另一面，所有表面喷漆完成后，机器人发出喷漆完成信号，人工收取并摆放工件。

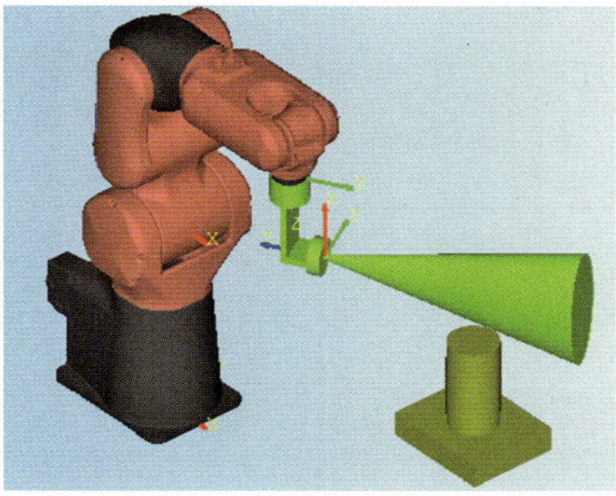

（二）喷漆工艺分析

随着工业自动化水平的提高，工业机器人的应用越来越广泛，喷涂便是其主要应用之一，具体包括汽车喷漆、家电喷涂、静电喷涂等。对于汽车、家电等产品，其表面喷漆效果对质量有很大影响，均匀且一致的涂层厚度可确保产品表面的色泽和光洁度。合理选择工艺参数，规划好喷漆轨迹，可以保证漆膜厚度的均匀性，从而节约生产成本，提高生产效率。

机器人喷涂的表面类型大致分为水平面、竖直侧面、曲面等，喷涂不同表面时，喷枪要采用不同的姿态。

（1）喷涂工件顶面等水平面时，喷枪垂直于喷涂表面，或者向机器人方向倾斜 10° 以内（防止喷到机器人或者工作人员），喷涂两遍，第一遍喷距为 20 ～ 30cm，第二遍喷距为 30 ～ 40cm。

（2）喷涂工件侧面等竖直表面时，喷枪垂直于喷涂表面，喷涂两遍，第一遍喷距约为 30cm，第二遍喷距约为 40cm。

（3）喷涂工件内侧斜面或复杂曲面时，喷枪垂直于喷涂表面，喷涂两遍，第一遍喷距约为 30cm，第二遍喷距约为 40cm。

（三）运动规划

1. 任务规划

机器人喷涂的动作可分解为“喷漆”“工作台转位”“再喷漆”等一系列子任务，并进一步分解为“将喷枪靠近工件”“移动吸盘贴近工件”“打开喷枪喷漆”“沿工件移动喷枪”等一系列动作。

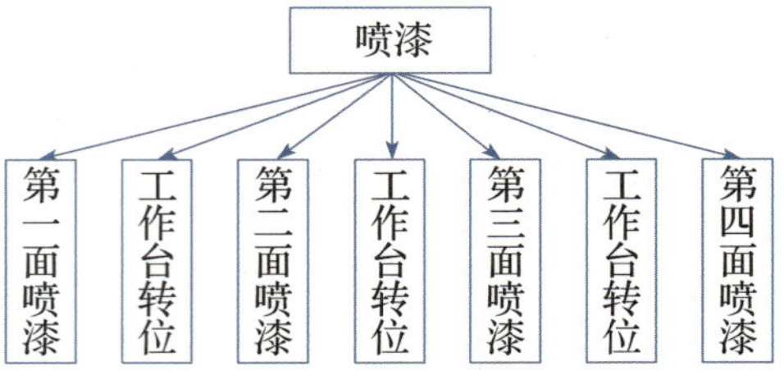

2. 动作循环规划

喷漆作业过程中需要对工件的四面进行喷漆，各面的喷漆运动轨迹相同，所以只需要编写一个面的喷漆运动程序即可，通过条件判断来控制工作台转位换面。可设定一个转位计数标志，当工件一面喷漆完成后，工作台转位，同时计数标志加 1，机器人回到原始点开始喷另一面。计满 4 次，表明喷漆完成，输出喷漆结束信号。

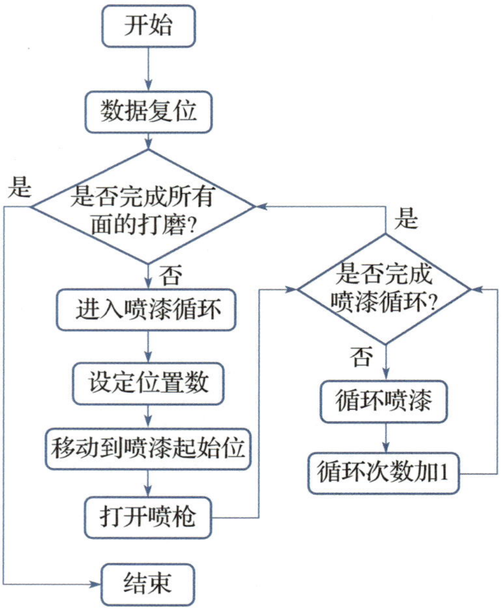

3. 路径规划

在单面喷漆作业过程中，喷枪沿着工件表面以圆弧轨迹移动到工件右侧，向右下移动固定距离，沿着工件表面以相同的圆弧轨迹移动到工件左侧，向下移动固定距离，然后再以相同的圆弧轨迹移动到工件右侧，循环往复，直至完成整个喷漆过程。

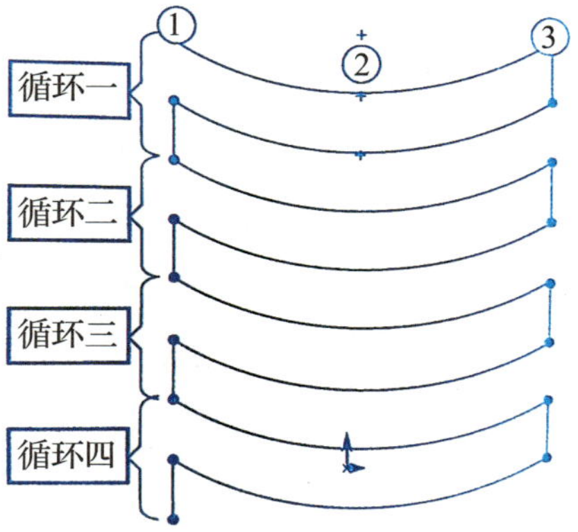

二、任务实施

（一）示教前准备

1. I/O 设置

本任务需要通过外部 I/O 信号启动机器人，第一面喷漆完成后，需要通过 I/O 信号控制工作台转位。此外，喷枪的打开与关闭也需要通过 I/O 信号控制。

2. 喷枪工具坐标系六点法设定

本任务将喷枪作为喷漆工具，TCP 点设定在喷枪底部端点位置，相对于默认工具 0 的坐标方向和 TCP 发生改变，所以采用六点法标定工具坐标系。

点击“主菜单”，选择“设置”，进入工具坐标系设定界面，选中需要标号的工具号（工具 0 不能被标定），点击“坐标标定”按钮，弹出“坐标标定”窗口，选择“六点标定”选项，通过标定空间中机器人末端在坐标系中的 6 个不同位置来计算工具坐标系。工具坐标系六点标定的步骤如下：

（1）在机器人工作范围内找到一个非常精确的固定点，作为参考点。

（2）在工具上确定一个参考点（最好是工具的中心点）。

（3）手动操纵机器人来移动工具上的参考点，使机器人 6 种不同的姿态均与固定点刚好碰上。其中，第四点是工具的参考点，垂直于固定点；第五点是工具的参考点，从固定点向设定的 TCP 的 X 方向移动；第六点是工具的参考点，从固定点向设定的 TCP 的 Y 方向移动。

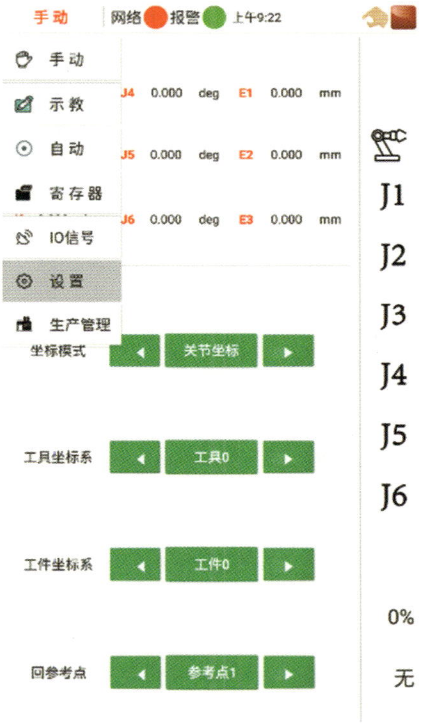

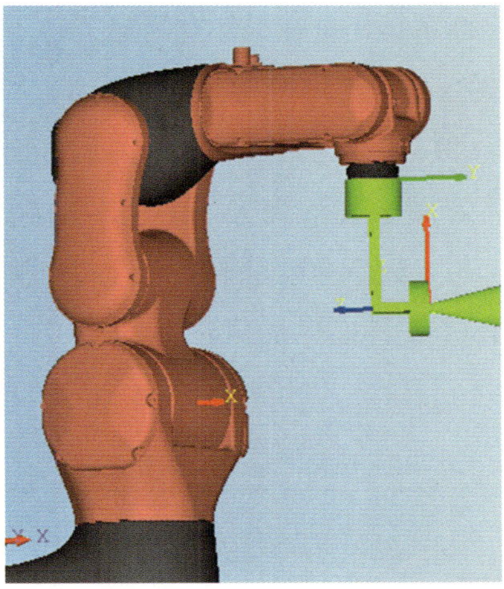

（4）机器人通过这 6 组位置点数据计算得出 TCP 的数据。TCP 的数据被保存在这个程序中，供程序调用。

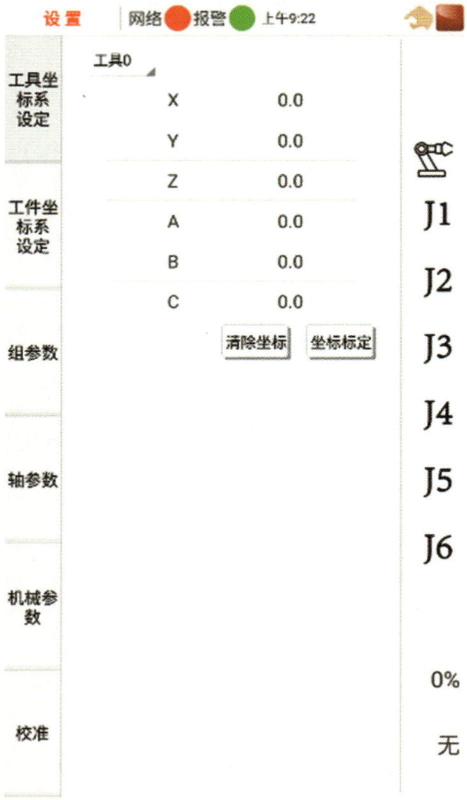

3. 工作台工件坐标系的设定

工件坐标系是用户在工件空间定义的一个笛卡尔坐标系。工件坐标系包括（X，Y，Z）和（A，B，C），前者用于表示距原点的位置，后者用于表示绕 X-、Y-、Z- 轴旋转的角度。与工具坐标系相同，机器人控制系统支持 16 个工件坐标系设定。

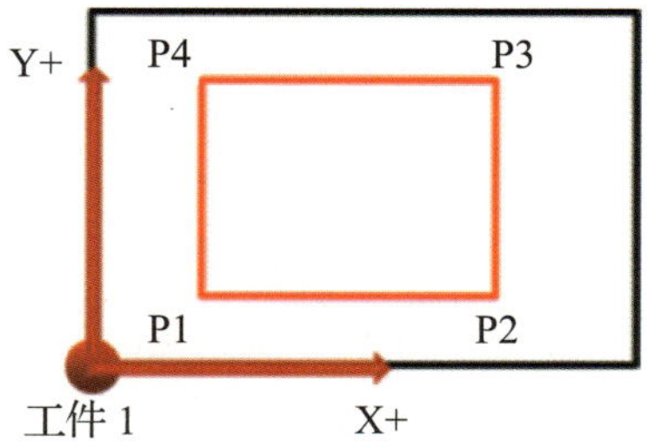

喷漆过程需要建立一个工件坐标系。点击“主菜单”，选择“设置”，进入工件坐标设定界面，采用三点法标定工件坐标系时，将第一个标定点定为工件坐标系绝对原点，即工件坐标系 X 轴的起点，将工件 TCP（即工具坐标中心点）沿工件坐标系 X+ 方向移动一定距离，作为 X 轴方向延伸点，再从工件坐标系 XOY 平面的第一或第二象限内选取任意点作为 Y 方向延伸点，由此 3 个点即可计算出工件坐标系。

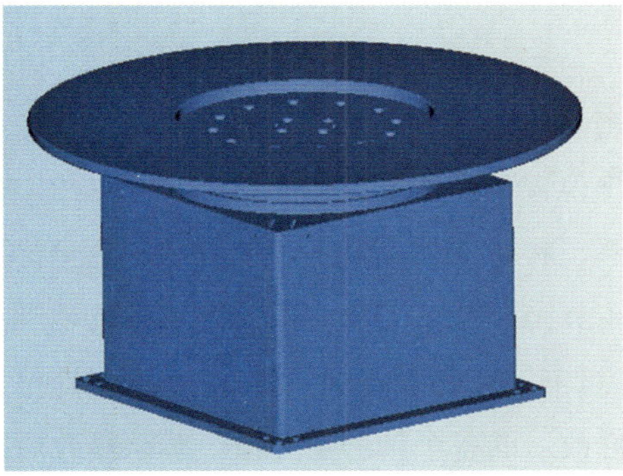

（二）示教编程

1. 设置寄存器

R[1]：转位计数　　R[2]：喷漆循环计数

R[3]：转位次数　　R[4]：喷漆循环次数

PR[1]：喷漆轨迹 1 点　　PR[2]：喷漆轨迹 2 点

PR[3]：喷漆轨迹 3 点　　PR[4]：喷漆循环位置变量

PR[5]：喷漆循环位置变量　　PR[6]：喷漆循环位置变量

PR[7]：喷枪 Z 方向每次移动的距离　　PR[8]：喷枪返回时的极限位置（避免喷枪与工件相撞）

2. 示教点 1

位置寄存器 PR 作为全局变量，用于存放位置信息。机器人控制系统支持 100 个位置寄存器，寄存器从 0 开始编号。

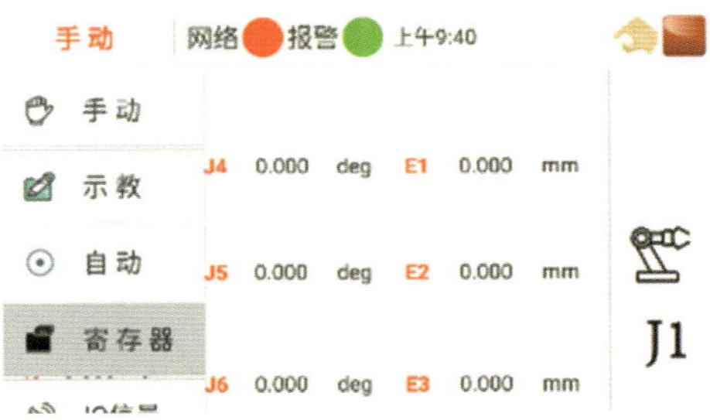

点击“位置寄存器”列表中的“PR[1]”，可弹出位置寄存器设置界面，选择“直角”坐标系，将机器人坐标系切换至“工具坐标”，在工具坐标系下手动将机器人喷枪移动到点1。点击“点此确认刷新坐标”，返回即可显示修改后的各个轴的坐标值。确认修改后系统会自动刷新该位置寄存器列表。

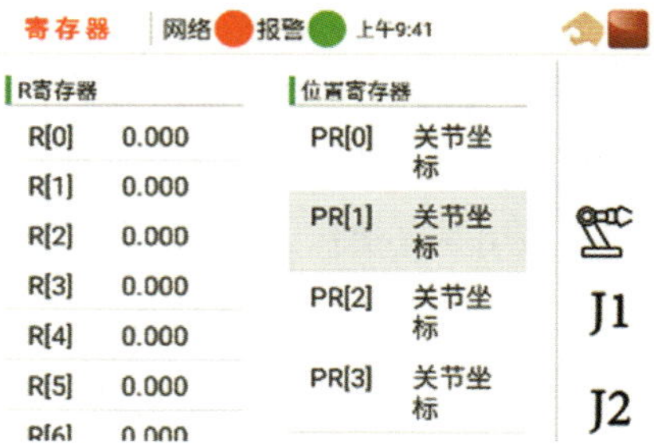

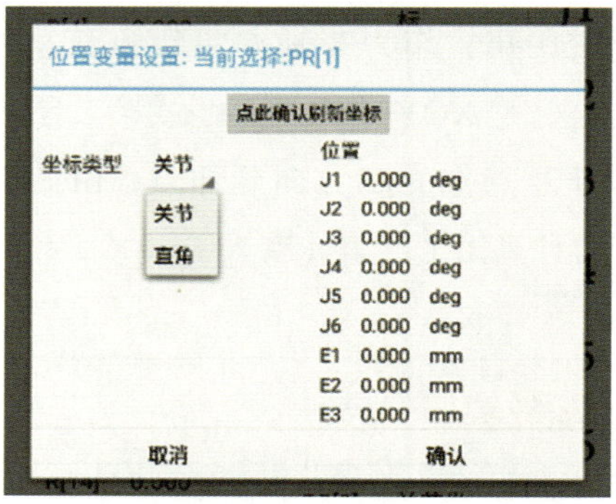

3. 示教点 2

点击“位置寄存器”列表中的“PR[2]”，可弹出位置寄存器设置界面，选择“直角”坐标系，将机器人坐标系切换至“工具坐标”，在工件坐标系下手动将机器人喷枪移动到点2。点击“点此确认刷新坐标”，返回即可显示修改后的各个轴的坐标值。确认修改后系统会自动刷新该位置寄存器列表。

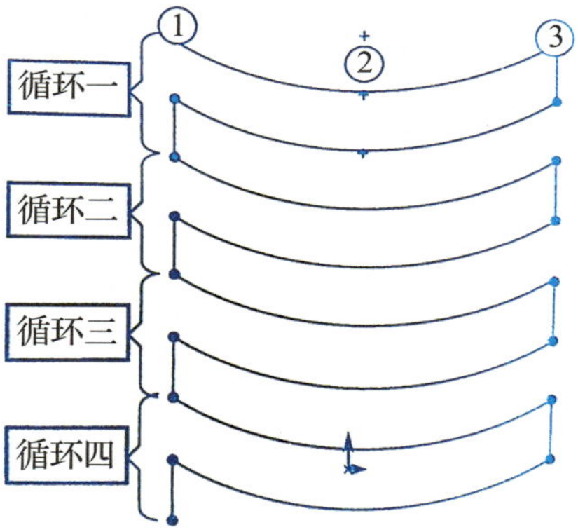

4. 示教点 3

点击“位置寄存器”列表中的“PR[3]”，可弹出位置寄存器设置界面，选择“直角”坐标系，将机器人坐标系切换至“工具坐标”，在工件坐标系下手动将机器人喷枪移动到点3。点击“点此确认刷新坐标”，返回即可显示修改后的各个轴的坐标值。确认修改后系统会自动刷新该位置寄存器列表。

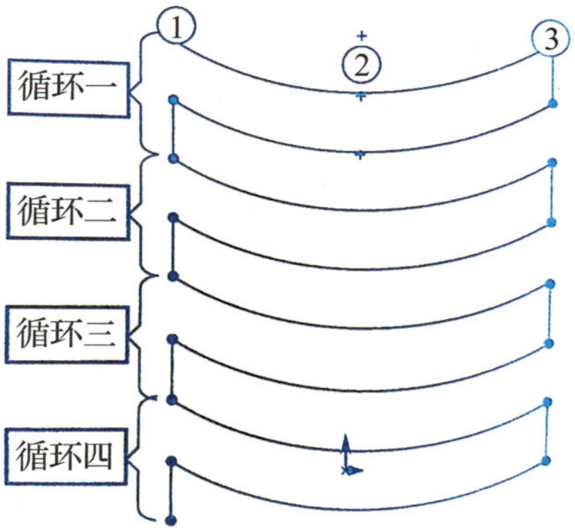

5. 示教喷枪 Z 方向每次移动距离

点击“位置寄存器”列表中的 PR[7]，可弹出位置寄存器设置界面，选择“直角”坐标系，点击坐标轴修改坐标值，将坐标 X、Y、A、B、C 的值修改为 0，将 Z 轴坐标值修改为喷枪 Z 方向每次移动的距离。确认修改后系统会自动刷新该位置寄存器列表。

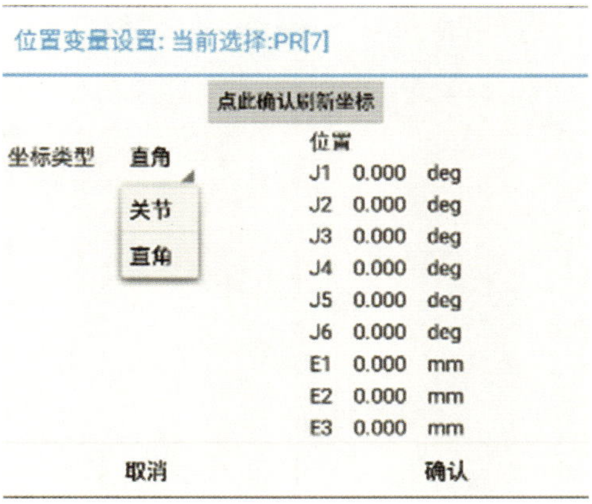

6. 寄存器指令 R 输入编程

首先在示教界面“新建程序”，输入程序名“penqi”，点击“确认”按钮。

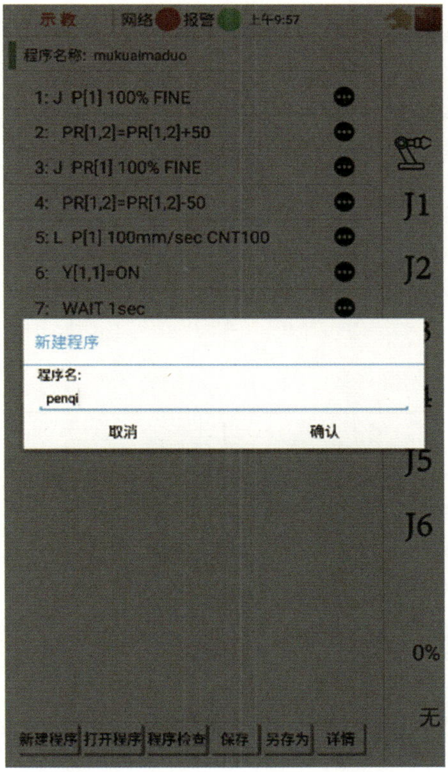

点击“END”，选择“寄存器指令”，然后点击第一个“...”，选择 R[...]，点击第二个“...”，输入“1”并确认，点击第三个“...”，选择“const”，输入“1”并确认，最后点击“确认”按钮，程序语句编辑完成。

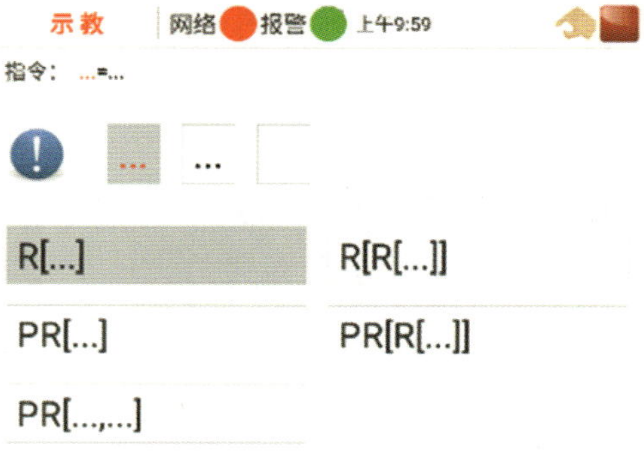

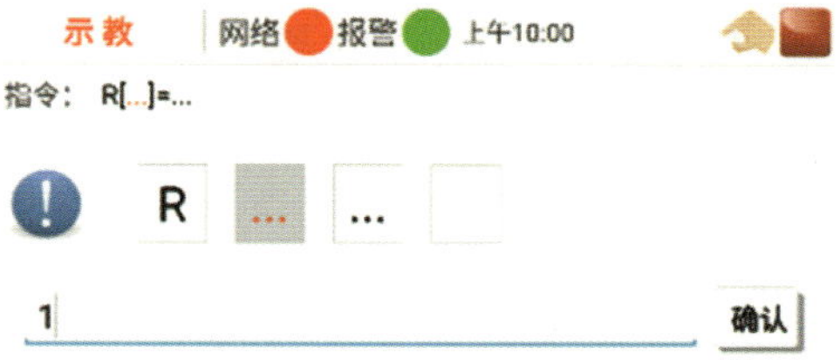

通过复制、粘贴、编辑本行的功能完成其他寄存器指令 R[2]=1、R[3]=4、R[4]=4 的输入。

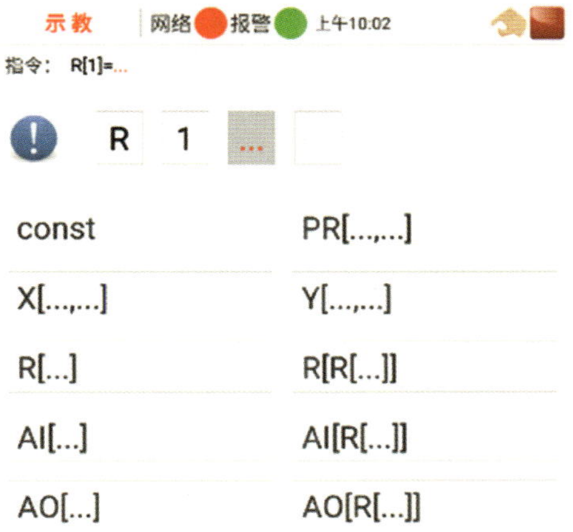

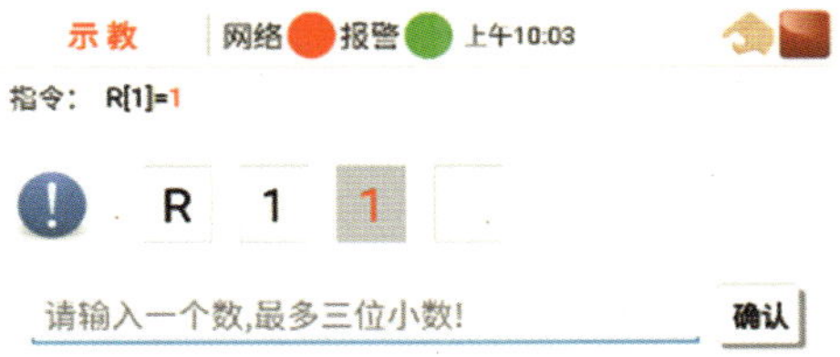

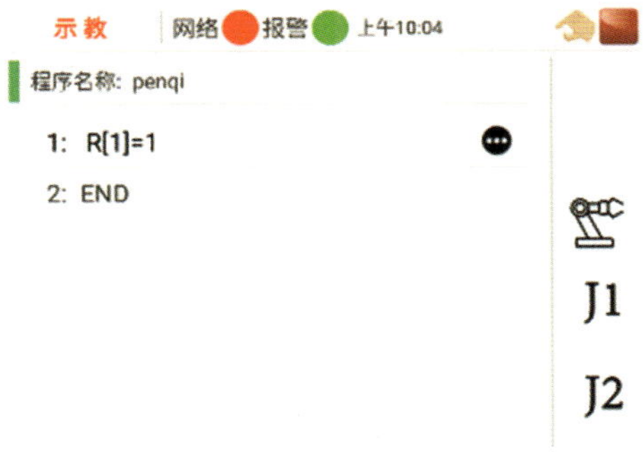

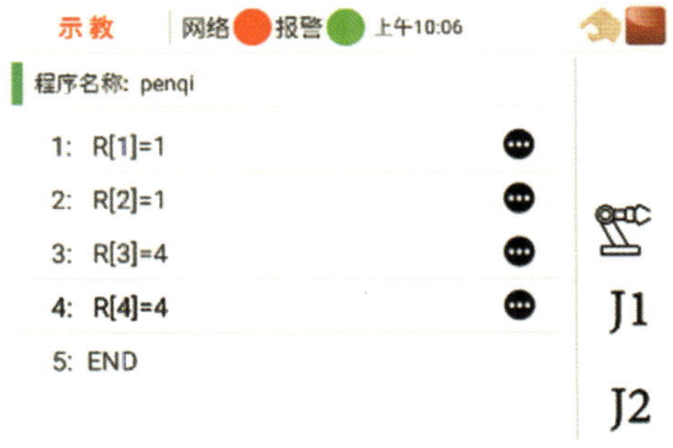

7. 标签指令 LBL 输入编程

点击“END”，选择“流程控制指令”，然后点击“LBL[...]”，选择“...”，输入“1”并确认，最后点击“确认”按钮，程序语句编辑完成。

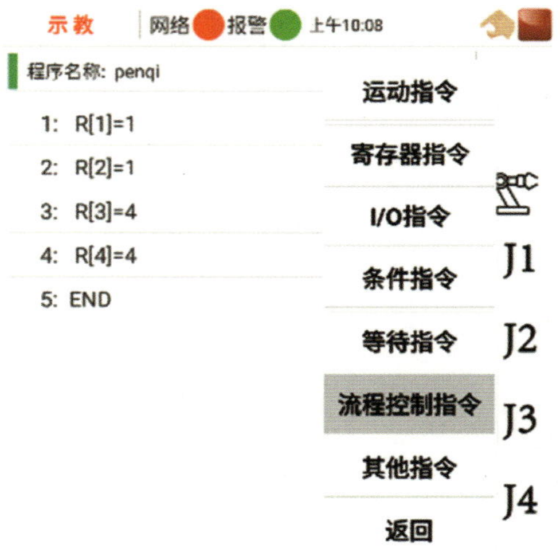

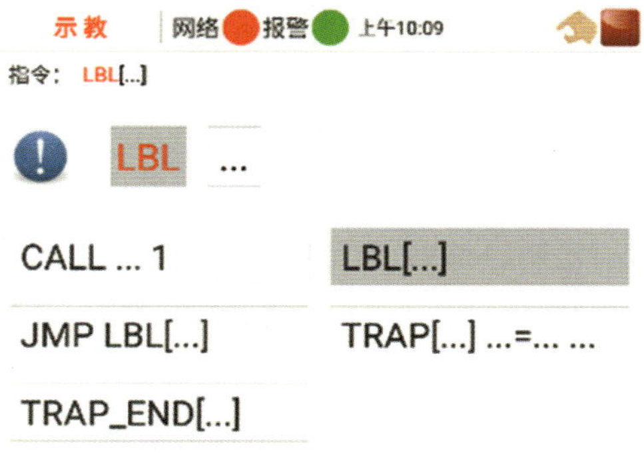

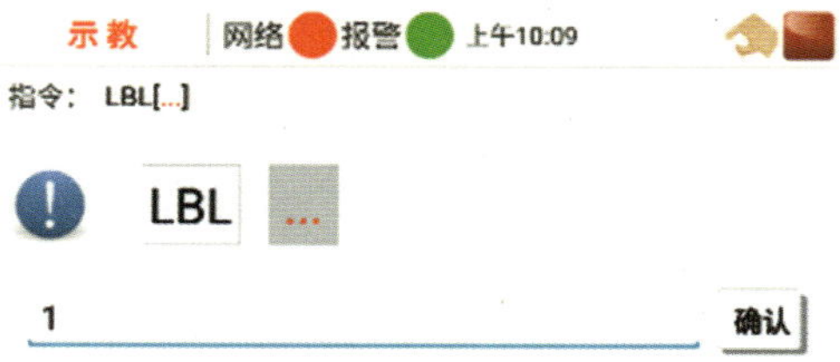

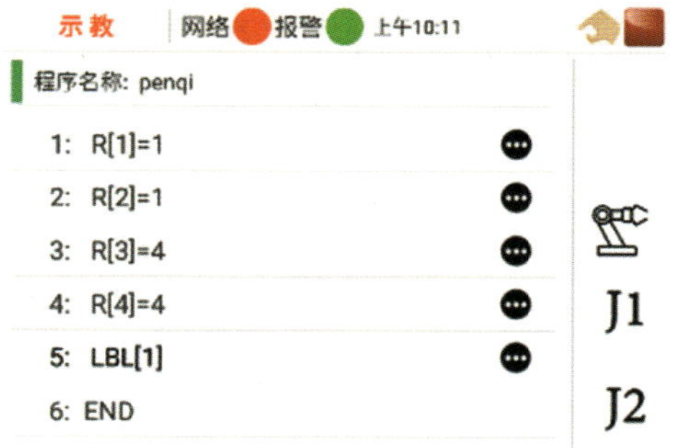

8. 寄存器条件比较指令输入编程 点击“END”，选择“条件指令”，然后点击第一个“...”，选择“R[...]”，点击第二个“...”，输入“1”并确认，点击“=”，编辑为“>”，点击第三个“...”，选择“R[...]”，点击第四个“...”，输入“3”，点击第五个“...”，选择 JMP LBL[...]，点击第六个“...”，输入“4”并确认，程序语句编辑完成。	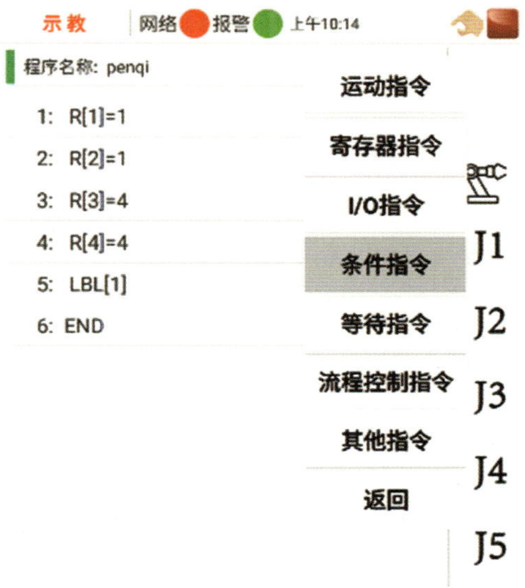 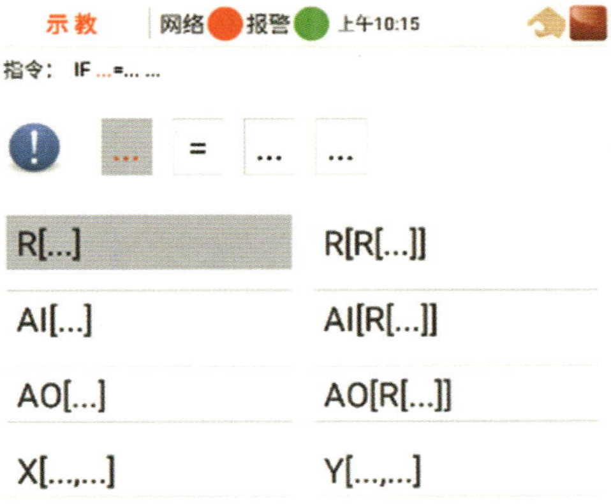 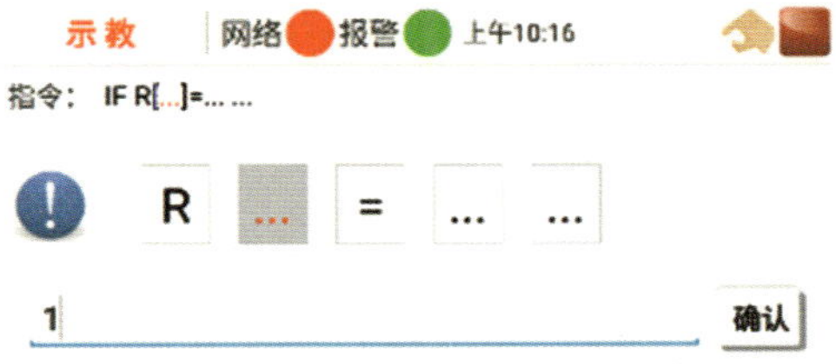

示教
网络
报警
上午10:18
指令： IF R[1]=... ...
R
1
=
...
...
=
<>
<
<=
>
>=

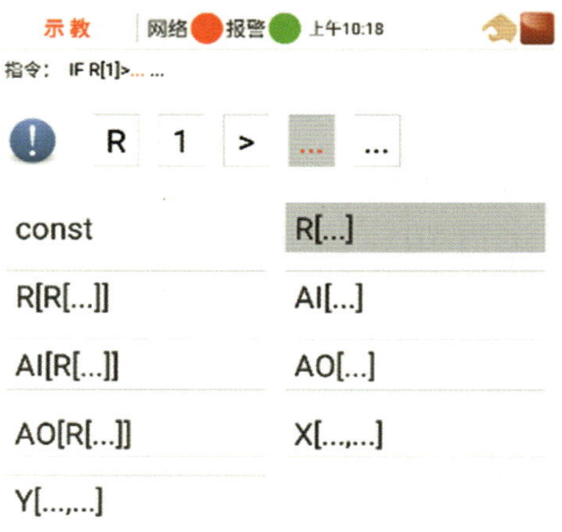
示教
网络
报警
上午10:18
指令： IF R[1]>... ...
R
1
>
...
...
const
R[...]
R[R[...]]
AI[...]
AI[R[...]]
AO[...]
AO[R[...]]
X[...,...]
Y[...,...]

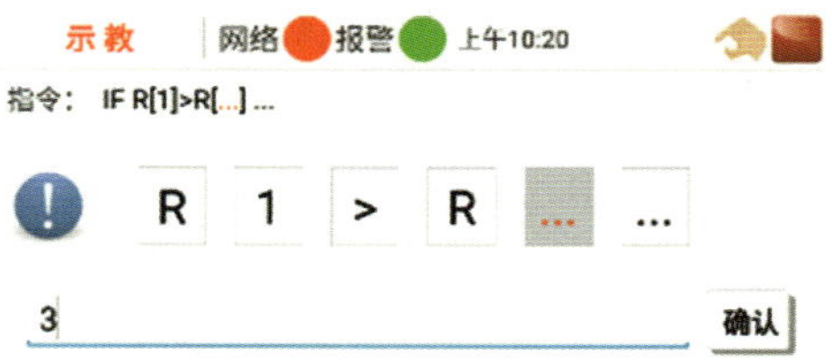
示教
网络
报警
上午10:20
指令： IF R[1]>R[...] ...
R
1
>
R
...
...
3
确认

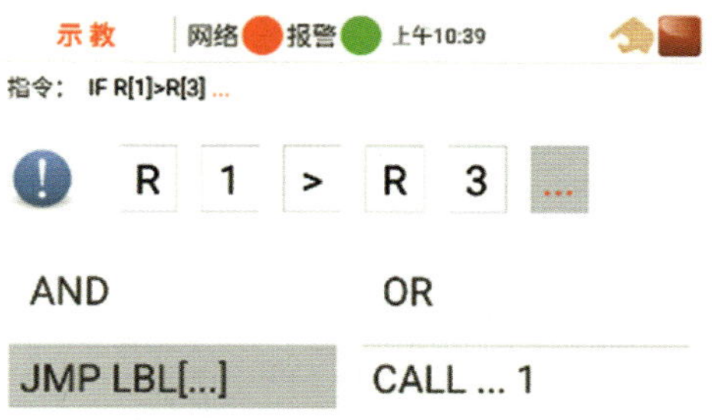
示教
网络
报警
上午10:39
指令： IF R[1]>R[3] ...
R
1
>
R
3
...
AND
OR
JMP LBL[...]
CALL ... 1

9. 无条件跳转指令输入编程

点击“END”，选择“流程控制指令”，然后选择“JMP LBL[...]”，输入“4”并确认，程序语句编辑完成。

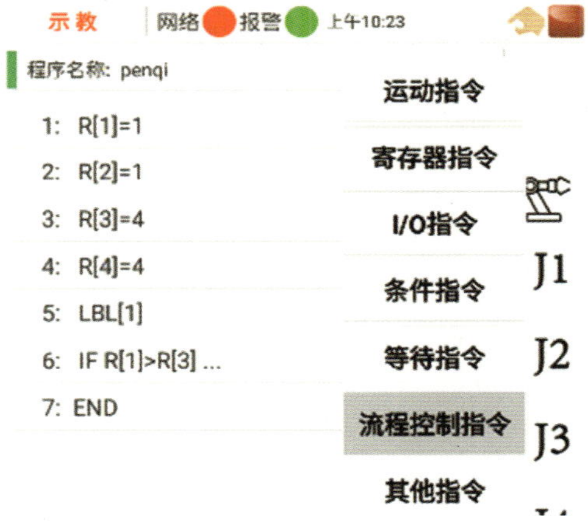

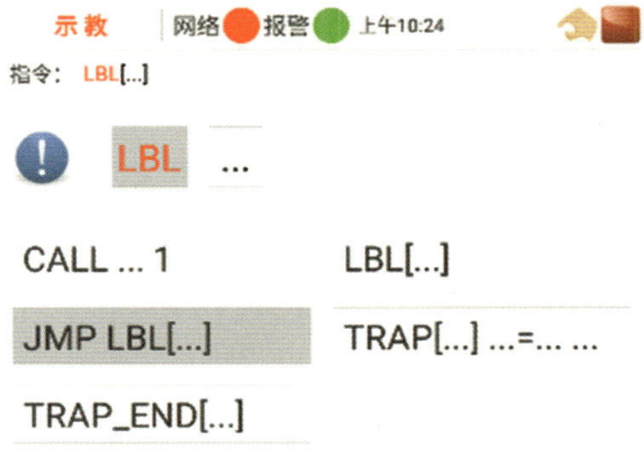

<table>
<tr>
<td></td>
<td>

</td>
</tr>
<tr>
<td>

10. 寄存器指令 PR 输入编程

点击“END”，选择“寄存器指令”，按照右图进行编辑。

</td>
<td>
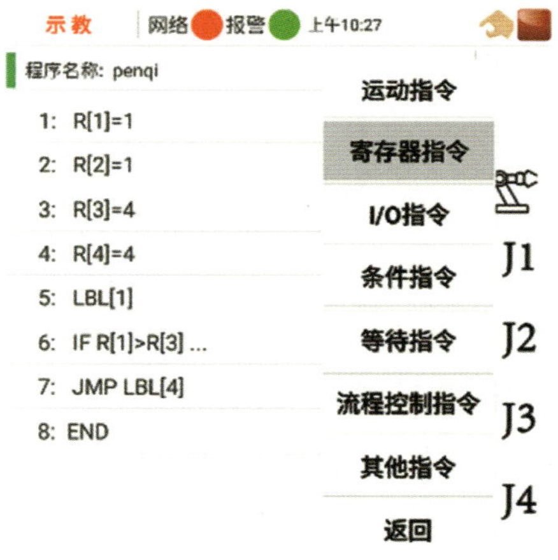

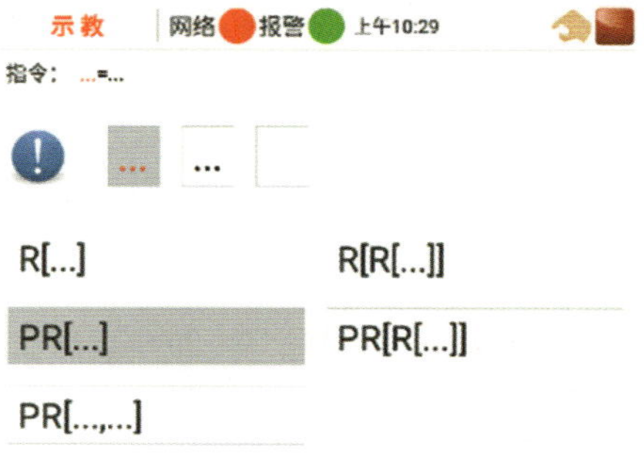

</td>
</tr>
</table>

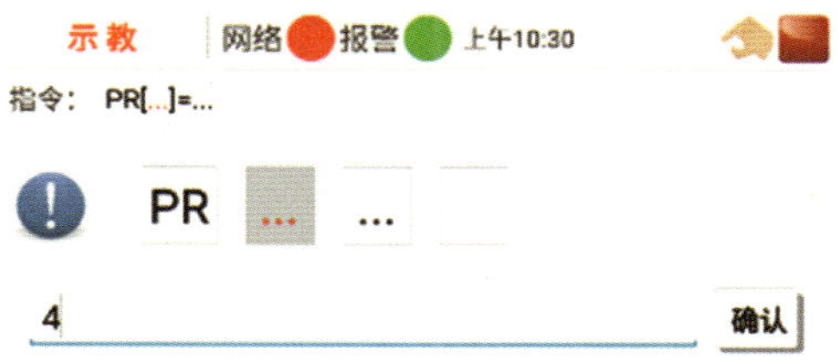
示教
网络
报警
上午10:30
指令： PR[...]=...
PR
...
...
4
确认

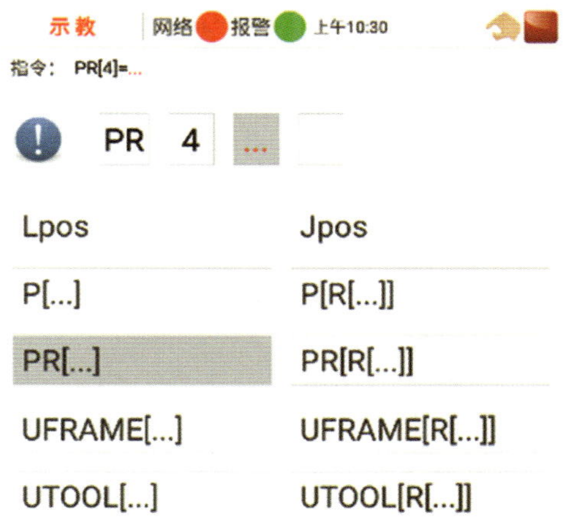
示教
网络
报警
上午10:30
指令： PR[4]=...
PR
4
...
Lpos
Jpos
P[...]
P[R[...]]
PR[...]
PR[R[...]]
UFRAME[...]
UFRAME[R[...]]
UTOOL[...]
UTOOL[R[...]]

示教
网络
报警
上午10:31
程序名称: penqi
1: R[1]=1
2: R[2]=1
3: R[3]=4
4: R[4]=4
5: LBL[1]
6: IF R[1]>R[3] ...
7: JMP LBL[4]
8: PR[4]=PR[1]
9: END
J1
J2
J3
J4
J5

11. 完成后续喷漆程序的编制

（三）运行程序

步骤 1：加载程序。

用户可选择并加载现有的程序文件，启动加载的程序后，机器人会根据程序文件的内容执行相应的动作。点击主菜单中的“自动”按钮后，在弹出的窗口中选择“加载程序”，然后选择需加载的程序文件，点击“确认”按钮后即可完成加载。

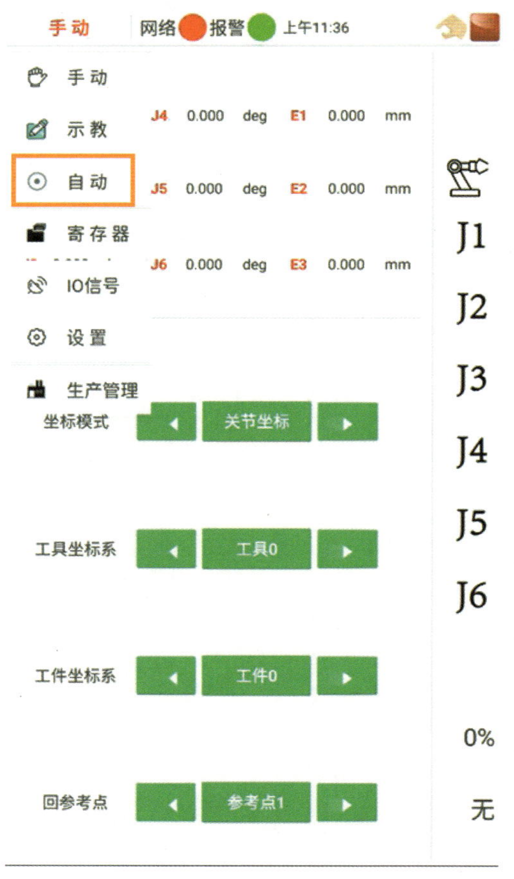

步骤 2：自动运行程序（⑩）。

示教器正面面板左侧的“启动 / 暂停”按钮和“停止”按钮可控制程序运行的启、停。“连续 / 单步”按钮和“单周 / 循环”按钮可设置程序自动运行的方式。选择单步运行模式，系统会在运行完一行程序后停止；若选择连续运行模式，系统会连续运行完程序。选择单周运行模式，系统会在运行完当前程序后停止；若选择循环运行模式，系统运行完程序后，会再次从程序首行开始运行。

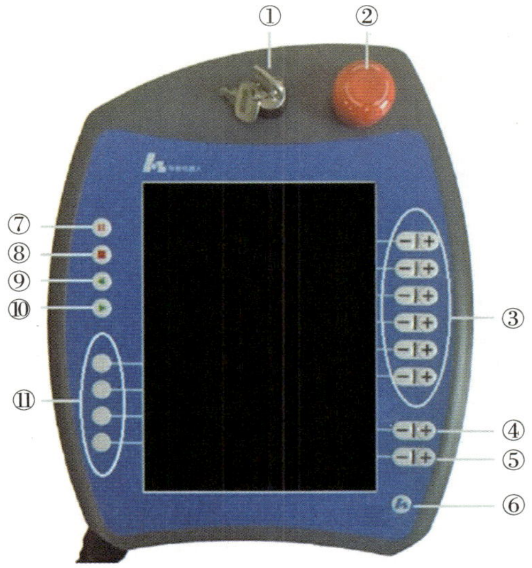

三、样例程序

喷漆程序样例	R[1]=1；	初始化转位计数数据
	R[2]=1；	初始化喷漆循环计数数据
	R[3]=4；	设定喷漆循环计数数据
	R[4]=4；	设定转位次数数据
	LBL[1]；	标签 1
	IF R[1]>R[3] JMP LBL[4]；	转位次数超过设定值跳转到标签 4
	PR[4]=PR[1]；	位置数据交换
	PR[5]=PR[2]；	位置数据交换
	PR[6]=PR[3]；	位置数据交换
	J PR[4] 100% FINE；	移动到点 1
	Y[2,5]=ON；	打开喷枪
	LBL[2]；	标签 2
	IF R[2]>R[4] JMP LBL[3]；	喷漆循环次数超过设定值跳转到标签 3
	C PR[5] PR[6] 50mm/sec FINE；	沿圆弧轨迹从点 1 经过点 2 到点 3

	PR[4]=PR[4]+PR[7]; PR[5]=PR[5]+PR[7]; PR[6]=PR[6]+PR[7]; L PR[6] 50mm/sec FINE; C PR[5] PR[4] 50mm/sec FINE; PR[4]=PR[4]+PR[7]; PR[5]=PR[5]+PR[7]; PR[6]=PR[6]+PR[7]; L PR[4] 50mm/sec FINE; R[2]=R[2]+1; JMP LBL[2]; LBL[3]; Y[2,5]=OFF; L PR[8] 50mm/sec FINE; Y[2,3]=ON; R[2]=1; WAIT X[2,3]=ON; R[1]=R[1]+1; JMP LBL[1]; LBL[4]; END;	轨迹向下偏移 轨迹向下偏移 轨迹向下偏移 沿直线向下移动 沿圆弧轨迹从点 6 经过点 5 到点 4 轨迹向下偏移 轨迹向下偏移 轨迹向下偏移 沿直线向下移动 喷漆循环次数 +1 跳转到标签 2 标签 3 关闭喷枪 喷枪离开工件 通知工作台转位 喷漆循环次数复位 等待工作台转位 转位次数 +1 跳转到标签 1 标签 4 程序结束

四、考核与评价

序号	评估内容	自评	互评	师评
基本素养（30 分）				
1	纪律（无迟到、早退、旷课)(10 分）			
2	安全规范操作（10 分）			
3	参与度，团队协作能力，沟通交流能力（10 分）			
理论知识（20 分）				
1	寄存器使用（10 分）			
2	喷漆运动规划方案（10 分）			
技能操作（50 分）				
1	独立完成喷漆程序的编写（10 分）			
2	喷漆运动规划（10 分）			
3	程序校验（10 分）			
4	喷漆程序手动运行（10 分）			
5	喷漆程序自动运行（10 分）			
综合评价				

任务 9 工业机器人打磨程序的编制

<table>
<tr><td>工作任务</td><td>工业机器人打磨程序的编制</td><td>教学模式</td><td>任务驱动</td></tr>
<tr><td>建议学时</td><td>6 学时</td><td>教学地点</td><td>机器人实验室</td></tr>
<tr><td>任务描述</td><td colspan="3">本任务利用 HSR-6 机器人对工件进行打磨，机器人的作用是控制打磨头，使之在打磨过程中与打磨表面保持正确的角度和恒定的速度，通过学习，了解机器人在打磨领域的应用，正确编写打磨程序，创建目标点示教，进行程序调试，最终完成整个打磨任务。</td></tr>
<tr><td>素养提升</td><td colspan="3">（1）培养严谨端正的学习态度、求真务实的工作作风，努力成为新时期具体匠心精神的优秀技术人才。
（2）培养民族自豪感，坚定文化自信。
（3）培养沟通交流、团队协作的意识，养成自我学习的习惯，具备分析与解决实际问题的能力。</td></tr>
<tr><td>技能目标</td><td colspan="3">（1）能够熟练应用圆弧运动指令，能够编制直线轨迹程序。
（2）能够熟练应用 PR、LBL、IF、JMP、I/O 等指令编写程序。
（3）能够完成打磨运动的示教。</td></tr>
<tr><td>设备器材</td><td colspan="3">华数六轴工业机器人（HSR-6）</td></tr>
<tr><td>学习思路</td><td colspan="3">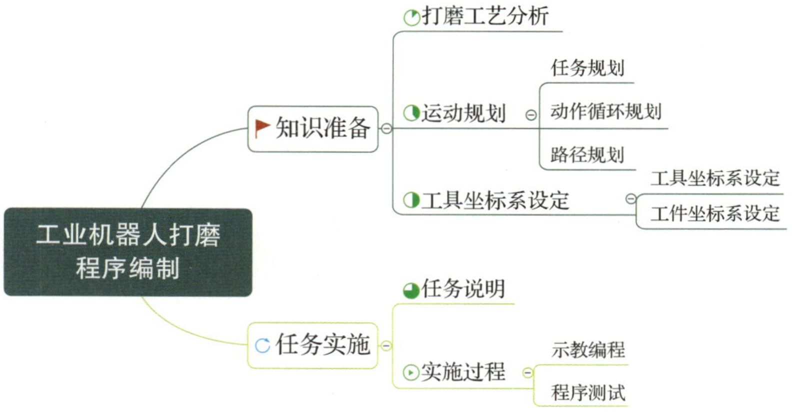
</td></tr>
</table>

一、知识准备

（一）打磨机器人单元介绍

该打磨机器人单元主要由一台工业机器人，一套工作台、一套打磨装置、一个工作间（直接把机器人和工作台安装在其中）以及一套电气控制系统组成，主要结构如右图所示。

工件放在工作台上，通过定位装置固定位置，机器人带动打磨装置进行打磨。工件的两个小平面打磨完成后，机器人开始打磨曲面，所有表面打磨完成后，机器人发出打磨完成信号，可以通过机器人更换工具，也可以人工收取工件并放入新工件。

（二）打磨工艺分析

随着工业自动化水平的提高，工业机器人的应用越来越广泛，打磨便是其主要应用之一，具体包括机加工件的棱角打磨、铸件打磨及特殊工件表面抛光等。对于机加工件，其表面打磨效果对质量有很大影响。

目前，手机中框大多采用铝合金等材质，通过机加工的方式生产出来。对于这类工业产品，合理选择工艺参数和打磨介质，做好路径规划，可以保证工件棱角的圆滑程度。在改善手工打磨易出现不一致性等问题方面有着重要的意义，可以有效降低废品率，从而节约生产成本，提高生产效率。

打磨领域工作量大，有可能导致职业伤害，人工成本不断提高，因此，行业对打磨机器人的需求也在逐年增加。因为打磨机器人应用的技术门槛及工艺门槛较高，所以对相关设备的配套要求也很高。

以水龙头为例，其外形曲面和曲线都比较复杂，要求机器人能够完成高精度的、打磨轨迹包含成千上万个数据点的打磨，这对机器人的运动编程提出了较高的要求。合理的方式是通过离线模拟仿真记忆，在线调试配合来完成，需要机器人配置功能强大的离线仿真软件系统。此外，操作者对打磨工艺的理解程度也会直接影响编程效果，进而影响产品质量。

（三）运动规划

1. 任务规划

机器人打磨的动作可分解为“棱角”和“平面”子任务，并进一步分解为“打磨头靠近工件”“移动打磨头贴近工件”“启动打磨头旋转”“沿工件轨迹移动”等一系列动作。

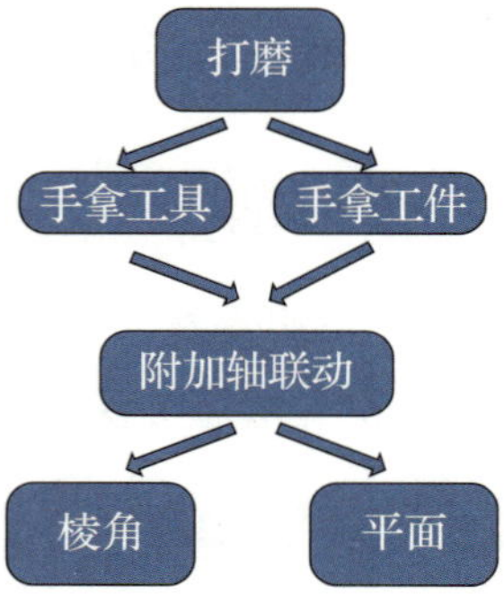

2. 动作循环规划

打磨作业过程中需要对工件的要求面进行打磨，因为各部位面的打磨基本要求相同，所以只需要编写一个轮廓表面的轨迹运动程序即可，通过条件判断来控制工作台转位换面。可设定一个转位计数标志，当工件当前面打磨完成后，工作台转位，根据之前设定的加工质量进行数据记数加 1，机器人回到设置点开始其他加工面的打磨。达到打磨计数时，表明打磨完成，输出打磨结束信号。

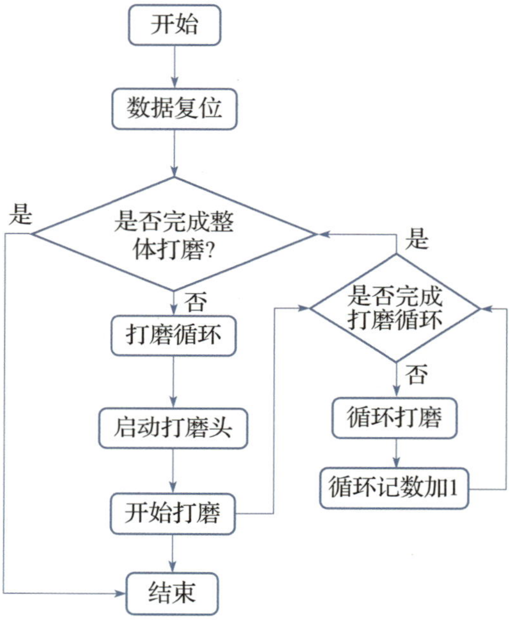

3. 路径规划

在单面打磨作业过程中，打磨头沿着工件表面以直线轨迹往复移动，运动至最终点时，再反向沿着原路径打磨，直至符合表面要求或质量。

二、任务实施

（一）准备工作

1. I/O 设置

本任务需要通过外部 I/O 信号启动机器人，对于多加工面打磨的工件，可以通过机器人外部附加轴或 I/O 信号的模拟量来控制工作台转位。个别表面可通过工件的二次定位装夹完成打磨。该任务需要 I/O 模块具有开关量和模拟量的输入 / 输出功能。

2. 打磨工具坐标系六点法设定

本任务将具有旋转功能的打磨头作为打磨工具，TCP 点设定在打磨头底部面的中心点位置，相对于默认工具 0 的坐标方向和 TCP 发生改变，所以需要设定工具坐标系。采用三点或六点法标定工具坐标系均可，对于精度要求较高的场合六点法更适用。

点击“主菜单”，选择“设置”，进入工具坐标系设定界面，选中需要标号的工具号（工具 0 不能被标定），点击“坐标标定”按钮，弹出“坐标标定”窗口，选择“六点标定”选项，通过标定空间中机器人末端在坐标系中的 6 个不同位置来计算工具坐标系。工具坐标系六点标定的步骤如下：

（1）在机器人工作范围内找到一个非常精确的固定点，作为参考点。

（2）在工具底面的中心位置确定一个参考点（可以拆下打磨介质后再标定它的中心点）。

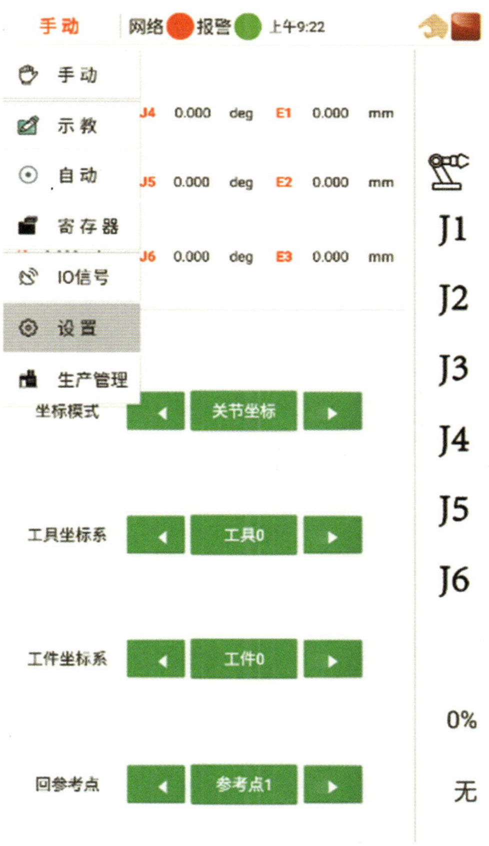

（3）手动操纵机器人来移动工具上的参考点，使机器人 6 种不同的姿态均与固定点刚好碰上。其中，第四点是工具的参考点，垂直于固定点；第五点是工具的参考点，从固定点向设定的 TCP 的 X 方向移动；第六点是工具的参考点，从固定点向设定的 TCP 的 Y 方向移动。

（4）机器人通过这 6 组位置点数据计算得出 TCP 的数据。TCP 的数据被保存在这个程序中，供程序调用。

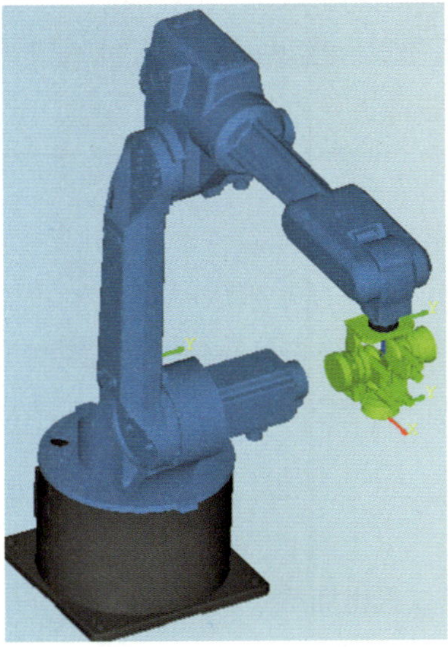

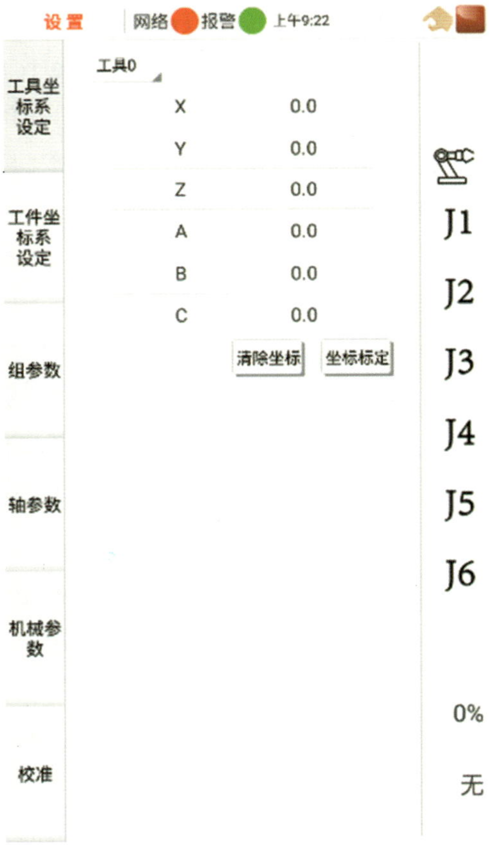

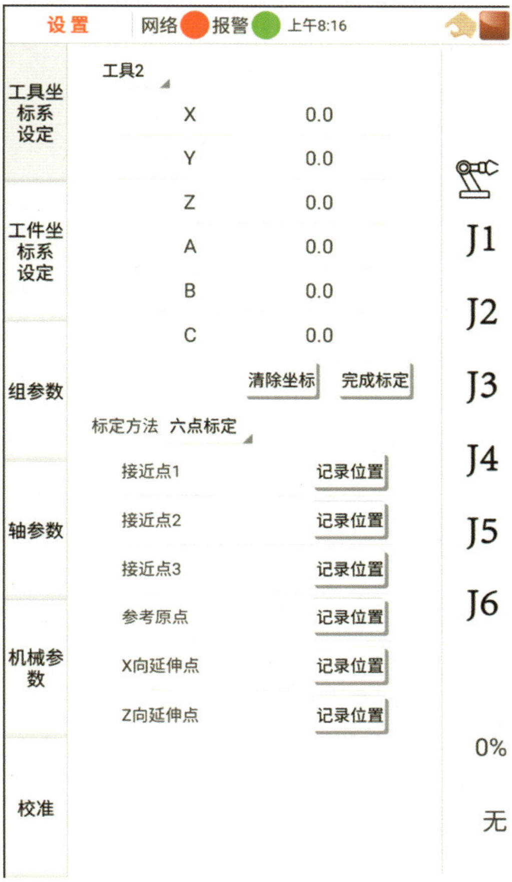

3. 工作台工件坐标系的设定

工件坐标系是用户在工件空间定义的一个笛卡尔坐标系。工件坐标系包括（X，Y，Z）和（A，B，C），前者用于表示距原点的位置，后者用于表示绕 X-、Y-、Z- 轴旋转的角度。与工具坐标系相同，机器人控制系统支持 16 个工件坐标系设定。

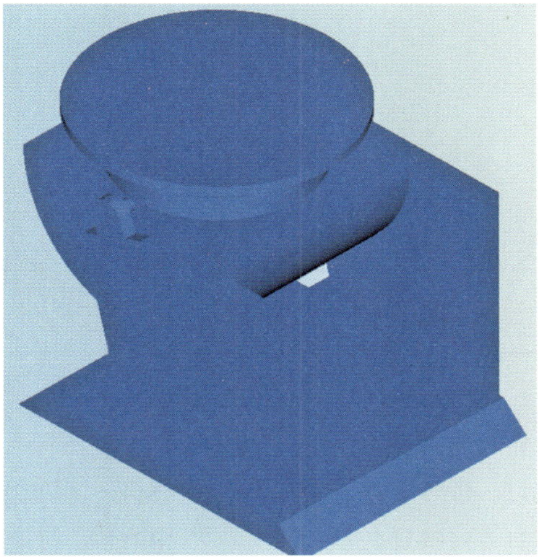

如果是单件打磨，则可以不设置工件坐标系，打磨小工件时还可以在工作台上同时安装多个工件，这样做的好处是可以在一次装夹中完成多个工件的打磨，有效提高工作效率。注意，应在打磨前建立对应工件数量的工件坐标系。

点击“主菜单”，选择“设置”，进入工件坐标设定界面，采用四点法标定工件坐标系时，将第一个标定点定为工件坐标系绝对原点，即工件坐标系 X 轴的起点，将工件 TCP（即工具坐标中心点）沿工件坐标系 X+ 方向移动一定距离，作为 X 轴方向延伸点，再从工件坐标系 XOY 平面的第一或第二象限内选取任意点作为 Y 方向延伸点，最后设置第四个点，此点为当前工件坐标系的绝对原点，由此 4 个点即可计算出工件坐标系。

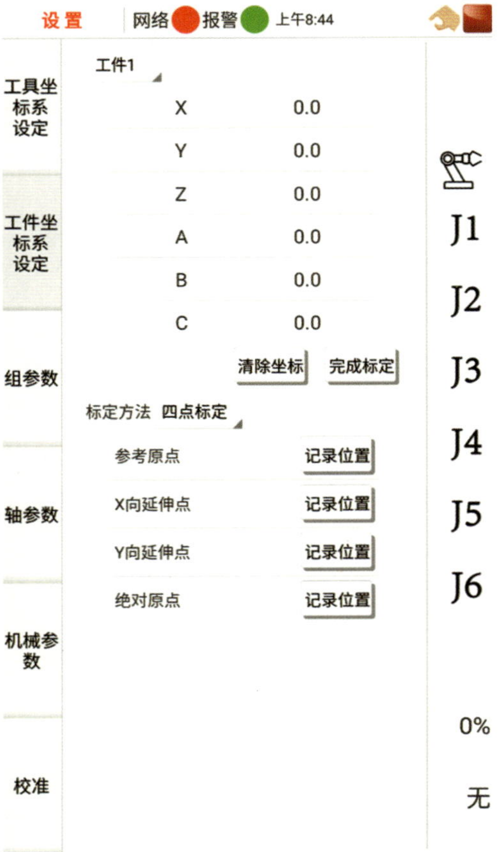

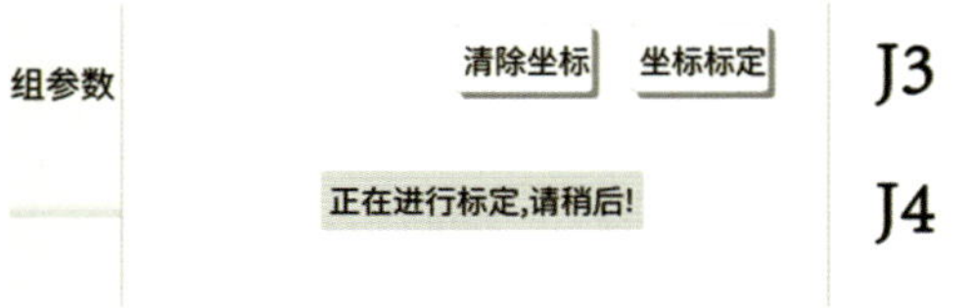

（二）示教编程

1. 设置寄存器

R[1]：打磨工件计数　　R[2]：设定的打磨循环次数

R[3]：打磨计数　　PR[1]：打磨轨迹点

2. 示教打磨点

位置寄存器 PR 作为全局变量，用于存放位置信息。机器人控制系统支持 100 个位置寄存器，寄存器从 0 开始编号。

点击“位置寄存器”列表中的“PR[1]”，可弹出位置寄存器设置界面，选择“直角”坐标系，将机器人坐标系切换至“工件坐标系”，在工件坐标系下手动将机器人打磨头移动到点 1。点击“点此确认刷新坐标”，返回即可显示修改后的各个轴的坐标值。确认修改后系统会自动刷新该位置寄存器列表。

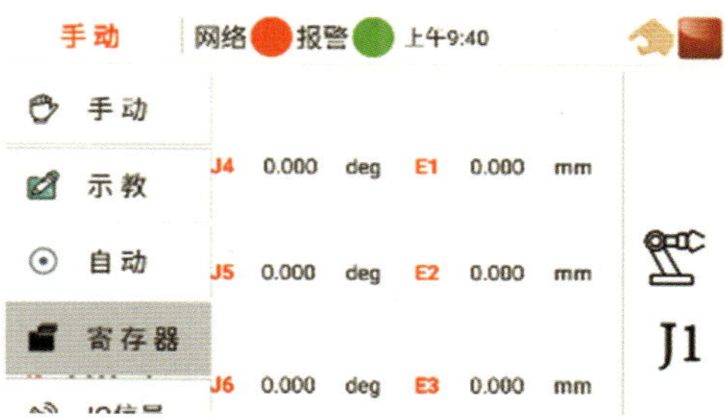

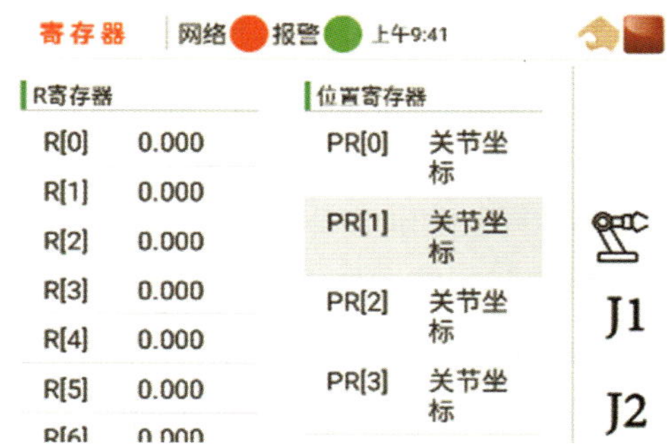

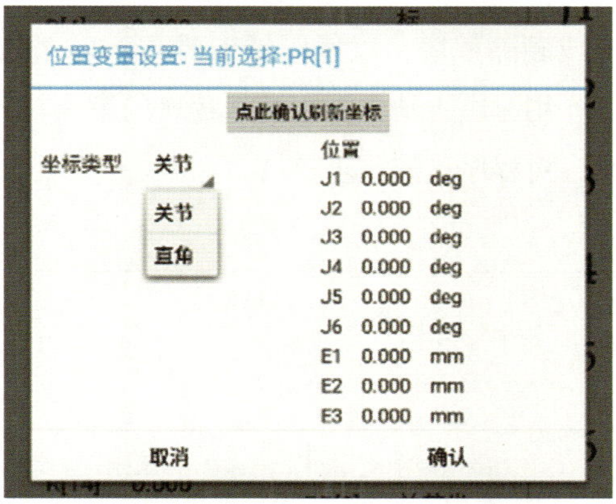

3. 程序设计

（1）不使用寄存器编程。

所有点位数据都使用 P 点进行示教，程序内不进行寄存器的运算。该编程方式的优点是可以有效降低程序的错误率，非常适合新手；缺点是需要示教的点位较多，准备工作都要在机器人上操作且用时较长，而且当工件尺寸发生变化时，所有程序都要重新示教。

```
J P[0] 100% FINE
Y[2.5]=ON
L P[1] 200MM/MIN FINE
L P[2] 200MM/MIN FINE
.
.
.
```

<table>
<tr>
<td></td>
<td>L P[8] 200MM/MIN FINE
Y[2.5]=OFF
J P[0] 100% FINE
R[1]=R[1]+1
END</td>
</tr>
<tr>
<td>（2）使用寄存器编程。
所有的位置数据都通过寄存器 PR 点进行点位数据运算，这个过程中，寄存器会通过指令程序进行运算，然后把运算得到的新值赋值给当前寄存器。该编程方式的优点是：1）示教点数最少，可以大大降低程序的错误率；2）工件尺寸发生变化时可以快速添加或删除程序，以适应加工要求；3）准备工作用时短；缺点在于整个程序的逻辑较复杂，对程序员的要求较高。</td>
<td>J P[0] 100% FINE
Y[2.5]=ON
L PR[1] 200MM/MIN FINE
PR[1,0]= PR[1,0]+50
L PR[1] 200MM/MIN FINE
.
.
L PR[1] 200MM/MIN FINE
Y[2.5]=OFF
J P[0] 100% FINE
R[1]=R[1]+1
END</td>
</tr>
<tr>
<td>4. 打磨头的启动与停止
根据 I/O 通信配置表或电路图确定打磨头的启动或停止信号。</td>
<td>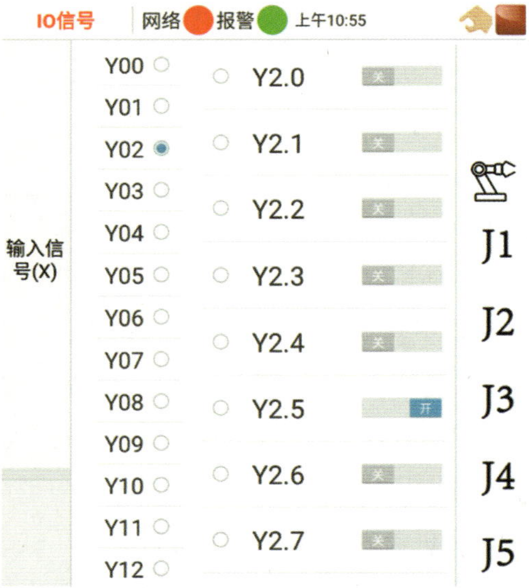
</td>
</tr>
</table>

5. 寄存器指令 R 输入编程

首先在示教界面“新建程序”，输入程序名“damo”，点击“确认”按钮。

点击“END”，选择“寄存器指令”，然后点击第一个“...”，选择 R[...]，点击第二个“...”，输入“1”并确认，点击第三个“...”，选择“const”，输入“1”并确认，最后点击“确认”按钮，程序语句编辑完成。

通过复制、粘贴、编辑本行的功能完成其他寄存器指令 R[2]=0、R[3]=2 的输入。

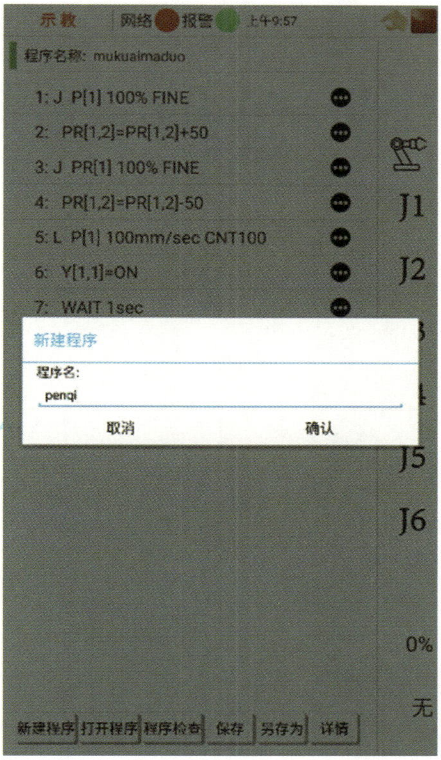

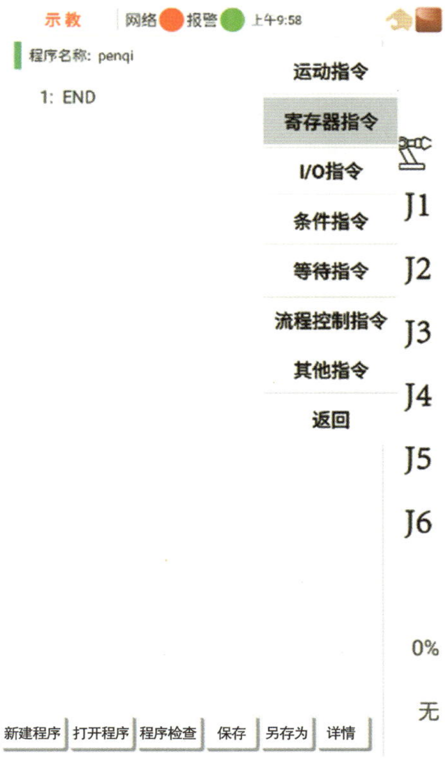

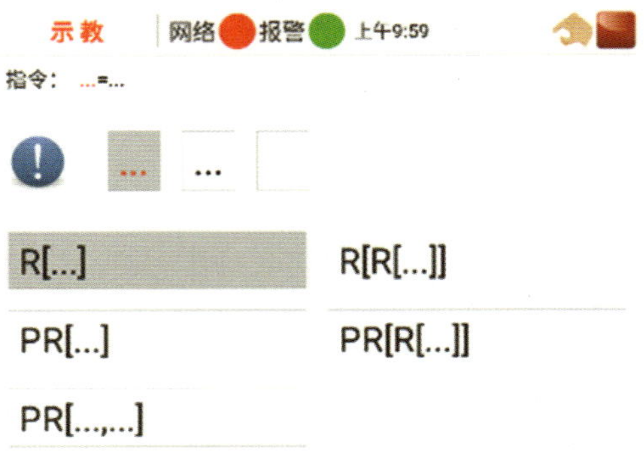
示教
网络
报警
上午9:59
指令： ...=...
...
...
R[...]
R[R[...]]
PR[...]
PR[R[...]]
PR[...,...]

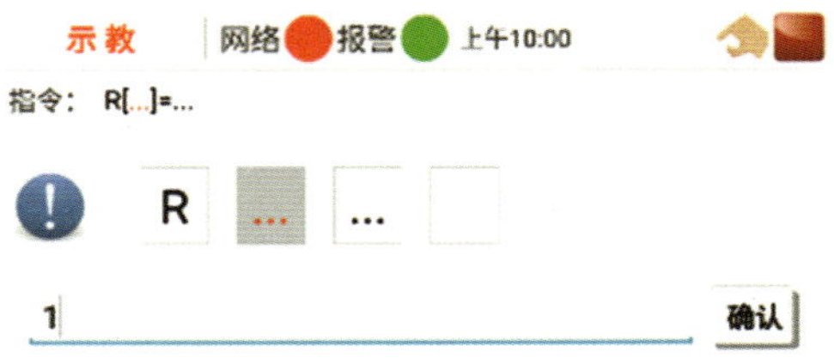
示教
网络
报警
上午10:00
指令： R[...]=...
R
...
...
1
确认

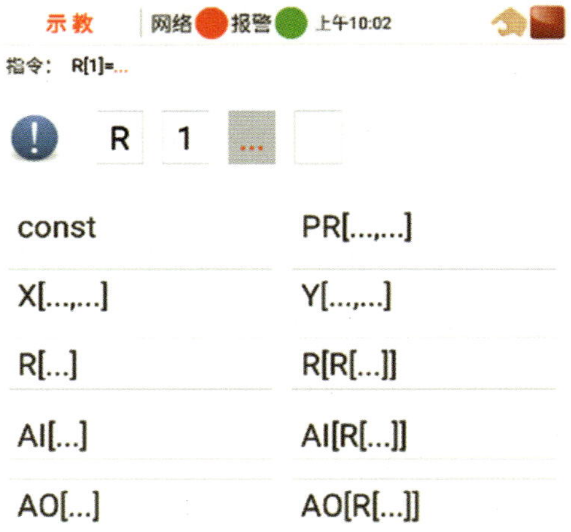
示教
网络
报警
上午10:02
指令： R[1]=...
R
1
...
const
PR[...,...]
X[...,...]
Y[...,...]
R[...]
R[R[...]]
AI[...]
AI[R[...]]
AO[...]
AO[R[...]]

示教
网络
报警
上午10:03
指令： R[1]=1
R
1
1
请输入一个数,最多三位小数!
确认

6. 标签指令 LBL 输入编程

点击“END”，选择“流程控制指令”，然后点击“LBL[...]”，选择“...”，输入“1”并确认，最后点击“确认”按钮，程序语句编辑完成。

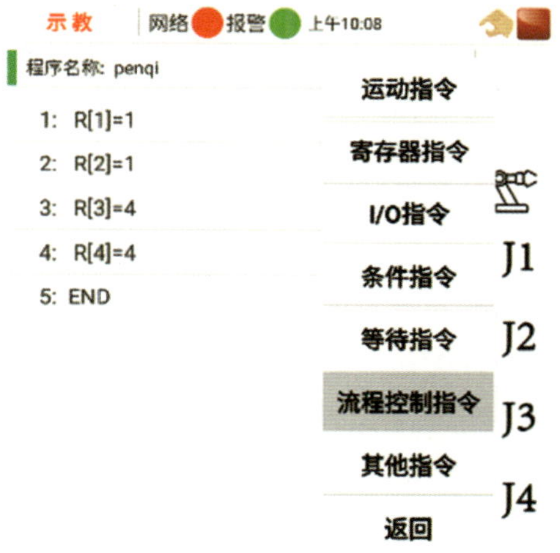

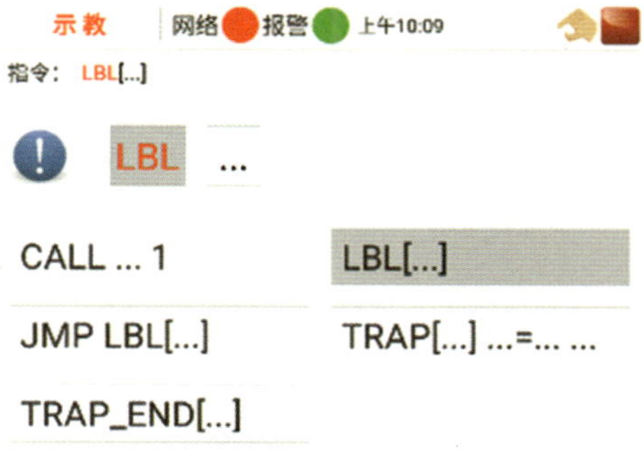

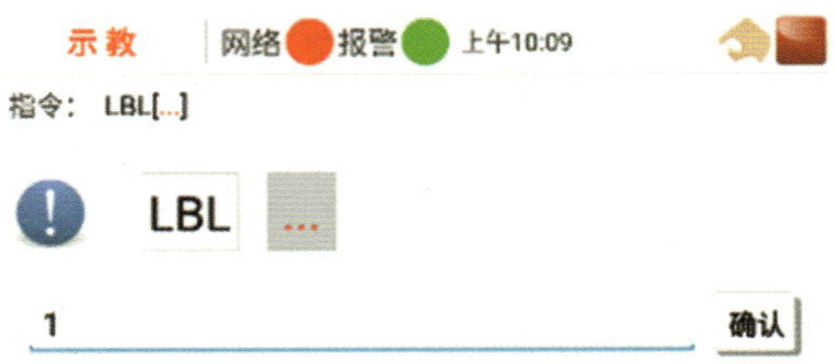

7. 寄存器条件比较指令输入编程

点击“END”，选择“条件指令”，然后点击第一个“...”，选择“R[...]”，点击第二个“...”，输入“1”并确认，点击“=”，编辑为“>”，点击第三个“...”，选择“R[...]”，点击第四个“...”，输入“3”，点击第五个“...”，选择 JMP LBL[...]，点击第六个“...”，输入“4”并确认，程序语句编辑完成。

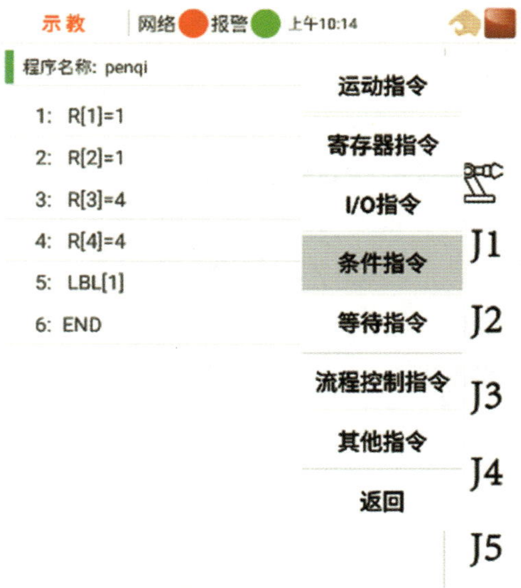

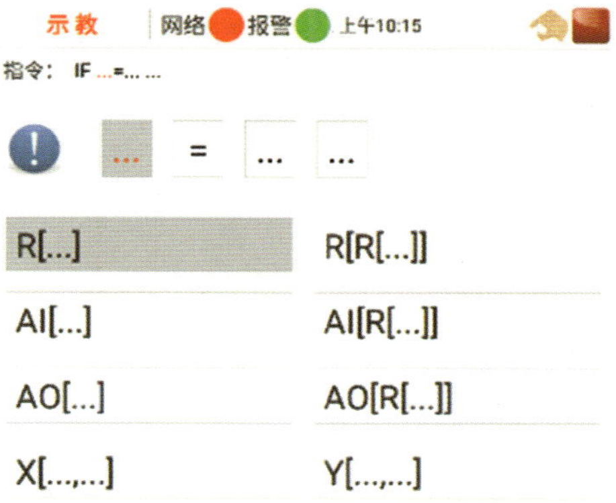
示教
网络
报警
上午10:15
指令： IF ...=... ...
...
=
...
...
R[...]
R[R[...]]
AI[...]
AI[R[...]]
AO[...]
AO[R[...]]
X[...,...]
Y[...,...]

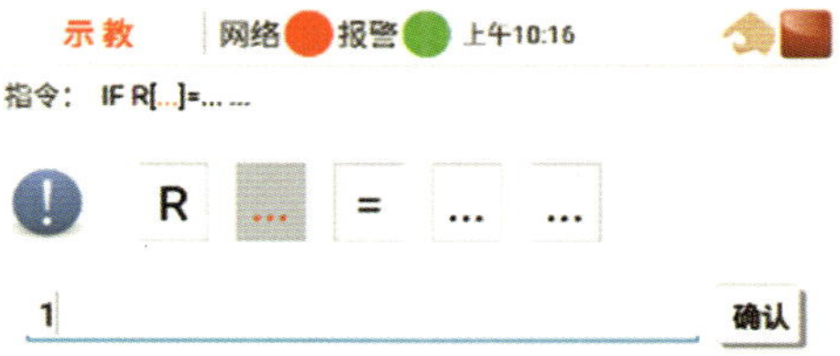
示教
网络
报警
上午10:16
指令： IF R[...]=... ...
R
...
=
...
...
1
确认

示教
网络
报警
上午10:18
指令： IF R[1]=... ...
R
1
=
...
...
=
<>
<
<=
>
>=

示教
网络
报警
上午10:18
指令： IF R[1]>... ...
R
1
>
...
...
const
R[...]
R[R[...]]
AI[...]
AI[R[...]]
AO[...]
AO[R[...]]
X[...,...]
Y[...,...]

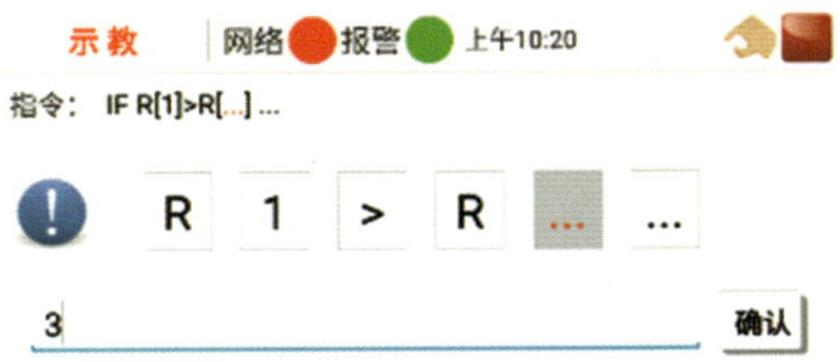
示教
网络
报警
上午10:20
指令： IF R[1]>R[...] ...
R
1
>
R
...
...
3
确认

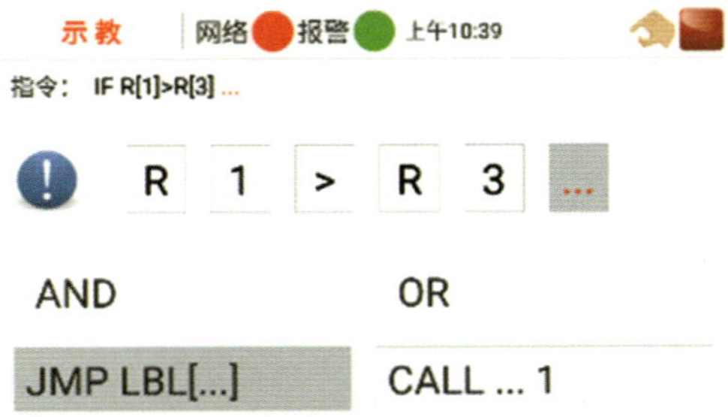
示教
网络
报警
上午10:39
指令： IF R[1]>R[3] ...
R
1
>
R
3
...
AND
OR
JMP LBL[...]
CALL ... 1

示教
网络
报警
上午10:41
程序名称: penqi
1: R[1]=1
2: R[2]=1
3: R[3]=4
4: R[4]=4
5: LBL[1]
6: IF R[1]>R[3],JMP LBL[4]
7: JMP LBL[4]
8: PR[4]=PR[1]
9: PR[5]=PR[2]
10: PR[6]=PR[3]
11: END
J1
J2
J3
J4
J5

8. 无条件跳转指令输入编程

点击“END”，选择“流程控制指令”，然后选择“JMP LBL[...]”，输入“4”并确认，程序语句编辑完成。

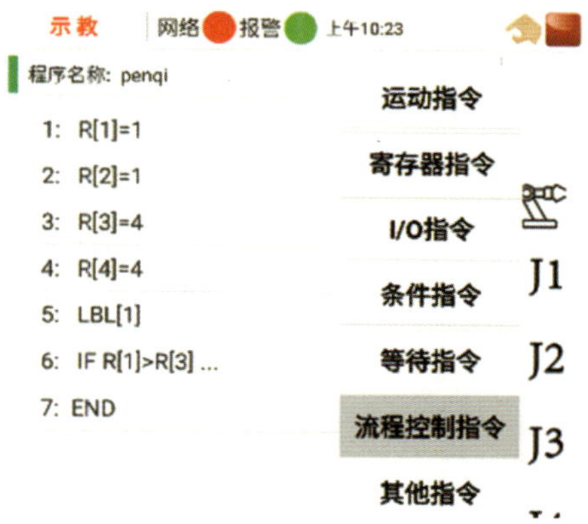

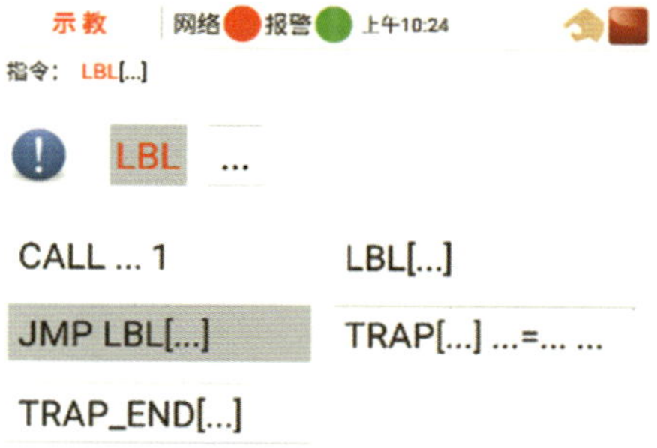

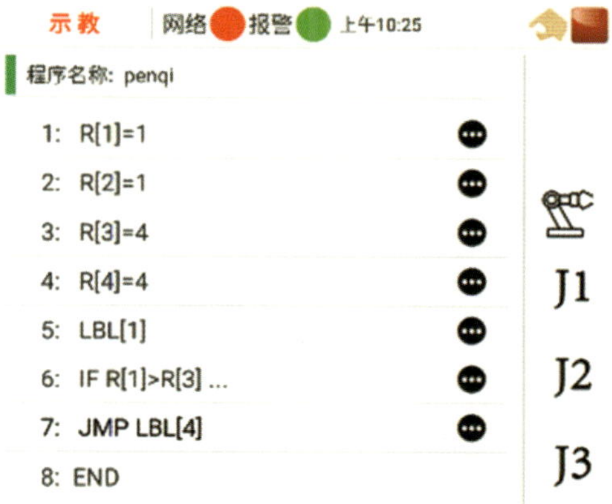

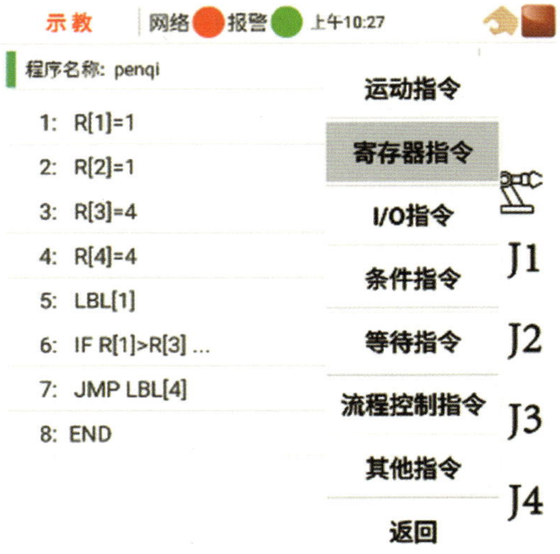

9. 寄存器指令 PR 输入编程

点击“END”，选择“寄存器指令”，按照右图进行编辑。

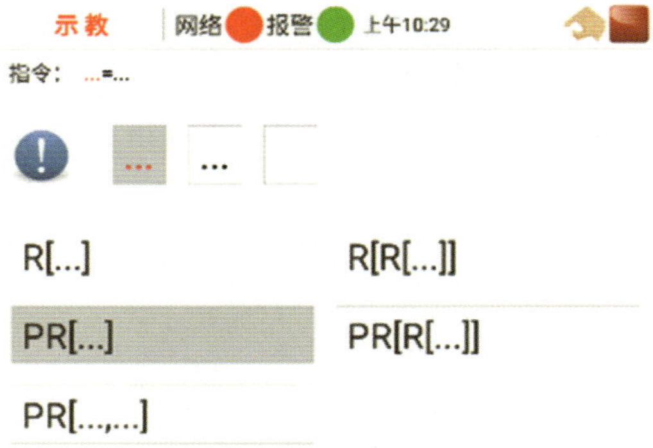

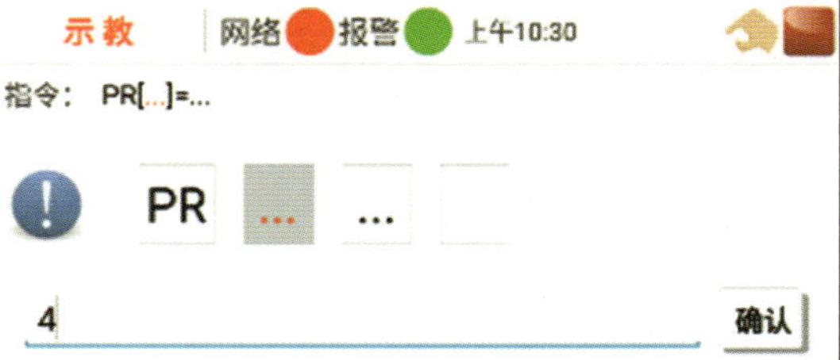

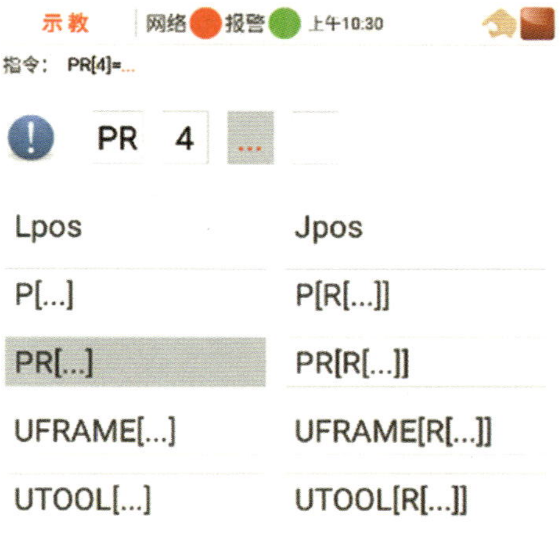
示教
网络
报警
上午10:30
指令：PR[4]=...
PR
4
...
Lpos
Jpos
P[...]
P[R[...]]
PR[...]
PR[R[...]]
UFRAME[...]
UFRAME[R[...]]
UTOOL[...]
UTOOL[R[...]]

示教
网络
报警
上午10:31
程序名称：penqi
1: R[1]=1
2: R[2]=1
3: R[3]=4
4: R[4]=4
5: LBL[1]
6: IF R[1]>R[3] ...
7: JMP LBL[4]
8: PR[4]=PR[1]
9: END
J1
J2
J3
J4
J5

示教
网络
报警
上午10:32
程序名称：penqi
1: R[1]=1
2: R[2]=1
3: R[3]=4
4: R[4]=4
5: LBL[1]
6: IF R[1]>R[3] ...
7: JMP LBL[4]
8: PR[4]=PR[1]
9: PR[5]=PR[2]
10: PR[6]=PR[3]
11: END
J1
J2
J3
J4

10. 完成后续打磨程序的编制

（三）运行程序

步骤 1：加载程序。

用户可选择并加载现有的程序文件，启动加载的程序后，机器人会根据程序文件的内容执行相应的动作。点击主菜单中的“自动”按钮后，在弹出的窗口中选择“加载程序”，然后选择需加载的程序文件，点击“确认”按钮后即可完成加载。

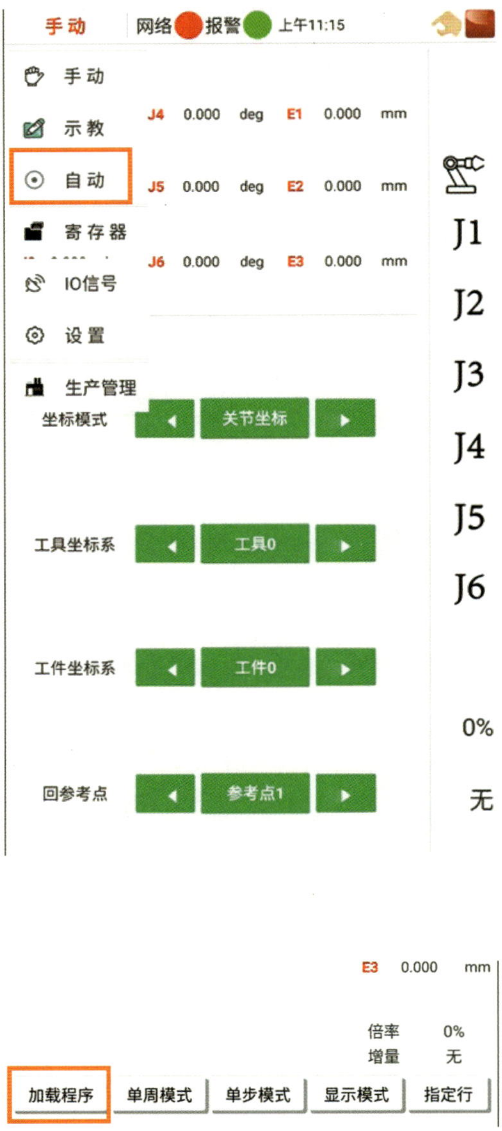

步骤 2：自动运行程序（⑩）。

示教器正面面板左侧的“启动 / 暂停”按钮和“停止”按钮可控制程序运行的启、停。“连续 / 单步”按钮和“单周 / 循环”按钮可设置程序自动运行的方式。选择单步运行模式，系统会在运行完一行程序后停止；若选择连续运行模式，系统会连续运行完程序。选择单周运行模式，系统会在运行完当前程序后停止；若选择循环运行模式，系统运行完程序后，会再次从程序首行开始运行。

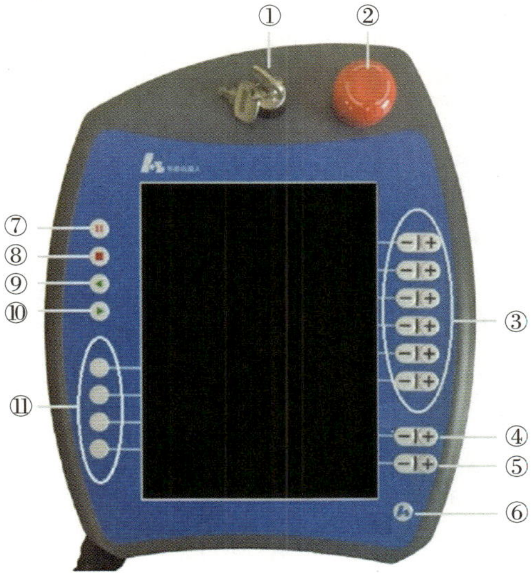

三、样例程序

打磨程序样例	R[1]=0；	记录打磨总数据，运行一次程序后删除
	R[2]=2；	设定打磨循环次数
	R[3]=0；	打磨循环计数
	J P[0] 100% FINE；	机器人回零
	LBL[1]；	标签 1
	IF R[2]<R[3] JMP LBL[2]；	判断是否到达打磨次数
	Y[2.5]=ON；	开启打磨头
	WAIT 2 sec；	等待 2 秒开始工作，防止未到转数便打磨
	L PR[1] 100 mm/sec FINE；	到达打磨起点
	PR[1,0]=PR[1,0]+300；	运算 X 轴下一打磨点
	L PR[1] 100 mm/sec FINE；	运动到点
	PR[1,1]=PR[1,1]+50；	运算 Y 轴下一打磨点
	L PR[1] 100 mm/sec FINE；	运动到点
	PR[1,0]=PR[1,0]-300；	运算 X 轴下一打磨点
	L PR[1] 100 mm/sec FINE；	运动到点
	PR[1,1]=PR[1,1]+50；	运算 Y 轴下一打磨点

	L PR[1] 100 mm/sec FINE；	运动到点
	PR[1,0]=PR[1,0]+300；	运算 X 轴下一打磨点
	L PR[1] 100 mm/sec FINE；	运动到点
	PR[1,1]=PR[1,1]+50；	运算 Y 轴下一打磨点
	L PR[1] 100 mm/sec FINE；	运动到点
	PR[1,0]=PR[1,0]-300；	运算 X 轴下一打磨点
	L PR[1] 100 mm/sec FINE；	运动到点
	PR[1,1]=PR[1,1]+50；	运算 Y 轴下一打磨点
	L PR[1] 100 mm/sec FINE；	运动到点
	PR[1,0]=PR[1,0]+300；	运算 X 轴下一打磨点
	L PR[1] 100 mm/sec FINE；	运动到点
	PR[1,2]=PR[1,2]+100；	运算 Y 轴下一打磨点
	L PR[1] 100 mm/sec FINE；	运动到点
	PR[1,0]=PR[1,0]-300；	X 轴位置变量复位
	PR[1,2]=PR[1,2]-100；	Z 轴位置变量复位
	PR[1,1]=PR[1,1]-200；	Y 轴位置变量复位
	R[3]=R[3]+1；	循环计数加 1
	LBL[2]；	标签 2
	Y[2.5]=OFF；	关闭打磨头
	J P[0] 100% FINE；	机器人回零
	END；	程序结束

四、考核与评价

序号	评估内容	自评	互评	师评
基本素养（30 分）				
1	纪律（无迟到、早退、旷课)(10 分）			
2	安全规范操作（10 分）			
3	参与度，团队协作能力，沟通交流能力（10 分）			
理论知识（20 分）				
1	寄存器使用（10 分）			
2	打磨运动规划方案（10 分）			
技能操作（50 分）				
1	独立完成打磨程序的编写（10 分）			
2	打磨运动规划（10 分）			
3	程序校验（10 分）			
4	打磨程序手动运行（10 分）			
5	打磨程序自动运行（10 分）			
综合评价				

任务 10　离线编程软件的安装与调试

<table>
<tr><td>工作任务</td><td>离线编程软件的安装与调试</td><td>教学模式</td><td>任务驱动</td></tr>
<tr><td>建议学时</td><td>2 学时</td><td>教学地点</td><td>计算机实验室</td></tr>
<tr><td>任务描述</td><td colspan="3">本任务讲解离线编程软件 InteRobot2020 的安装与调试方法。通过学习，掌握离线编程软件 InteRobot2020 常见问题的解决方法，掌握基本参数的作用及调整方法，顺利完成离线编程软件的安装、调试。</td></tr>
<tr><td>素养提升</td><td colspan="3">（1）培养严谨端正的学习态度、求真务实的工作作风，努力成为新时期具体匠心精神的优秀技术人才。
（2）培养民族自豪感，坚定文化自信。
（3）培养沟通交流、团队协作的意识，养成自我学习的习惯，具备分析与解决实际问题的能力。</td></tr>
<tr><td>技能目标</td><td colspan="3">（1）能够熟练安装离线编程软件 InteRobot2020。
（2）能够熟练设置常用参数。
（3）能够排查常见故障。</td></tr>
<tr><td>设备器材</td><td colspan="3">计算机、InteRobot2020</td></tr>
<tr><td>学习思路</td><td colspan="3">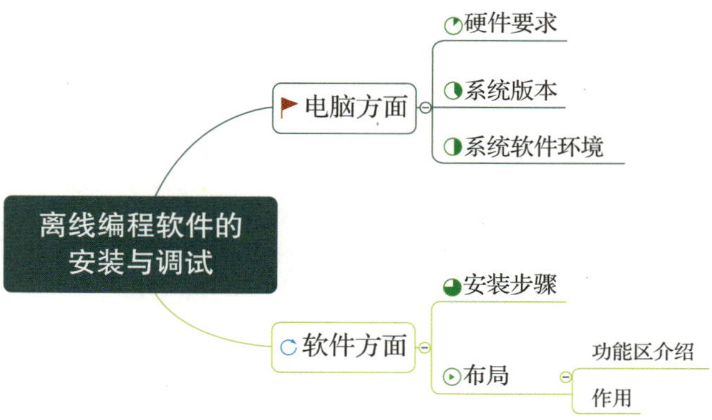
</td></tr>
</table>

一、知识准备

（一）软件介绍

InteRobot 是工业机器人离线编程软件，是一个基于计算机端的应用程序，用于工业机器人理论教学与实践教学。可以导入任意型号的工业机器人模型及自定义的工具和夹具，并支持导入自定义的外围设备，通过示教器输入需求指令进行相应的模拟操作。

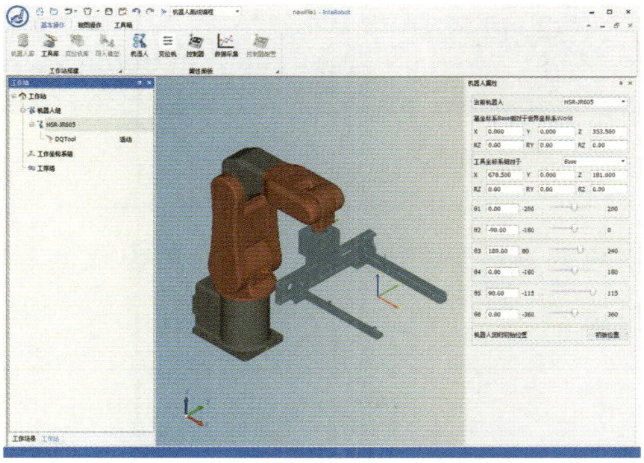

（二）软件功能

InteRobot 软件可以完成工业机器人加工路径规划，动画仿真，干涉检查，机器人姿态优化、轨迹优化，后置代码，理实一体化。加工模式包括手拿工具、手拿工件；操作类型包括示教操作、离线操作、码垛操作、代码操作。机器人库、变位机库可扩展任意型号的机器人和变位机，加工场景自由导入，强大的曲面曲线离散功能可实现加工轨迹的工艺自由定制，还可根据用户的特殊需求进行开发和改进。该软件广泛应用于打磨、雕刻、激光焊接、数控加工等领域。

（三）安装要求

1. 硬件要求

硬件	要求
CPU	Intel i5 或同类性能以上的处理器
内存	4GB 以上
显存	1GB 以上独立显卡
硬盘	500GB 以上
加密狗	使用软件的密钥

2. 系统软件环境	（1）Windows 7 或以上操作系统。 （2）Microsoft .NET Framework 4.5 以上。 （3）Visual CPP 2010 运行库。

二、任务实施

（一）安装过程

该离线编程软件提供了一键安装模式，非常方便。需要注意的是，安装目录必须是英文目录。

（1）双击“InteRobot2020 _edu_Setup.exe”安装文件。	
（2）单击“下一步”按钮。	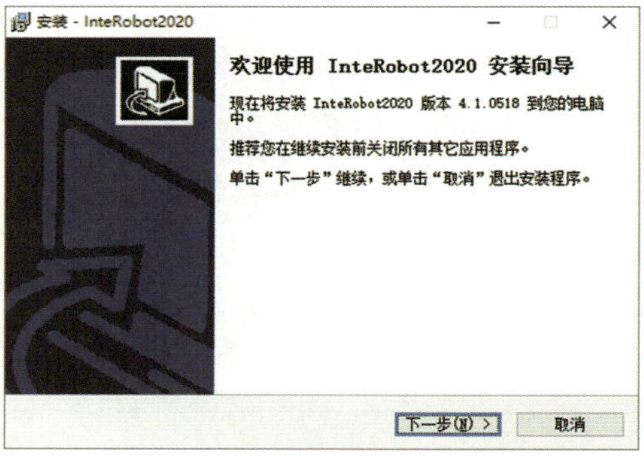
（3）单击“浏览”按钮选择安装位置。以Win10系统为例，软件的默认安装位置是C:\Program Files (x86)\InteRobot2020。	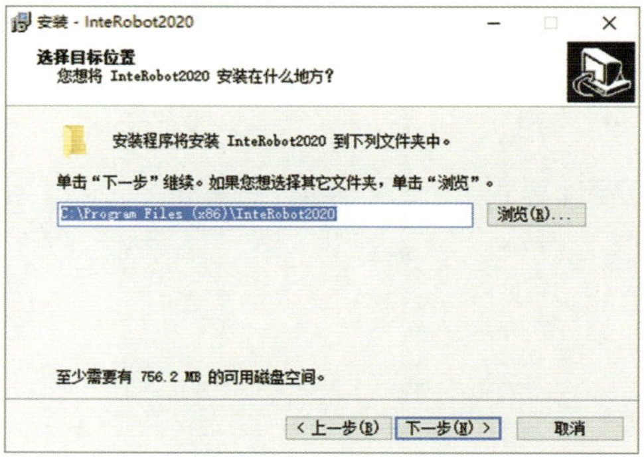

<table>
<tr>
<td>（4）选择是否在“开始”菜单中创建快捷方式文件夹。如不选择，可通过软件安装目录或其他快捷方式打开软件。</td>
<td>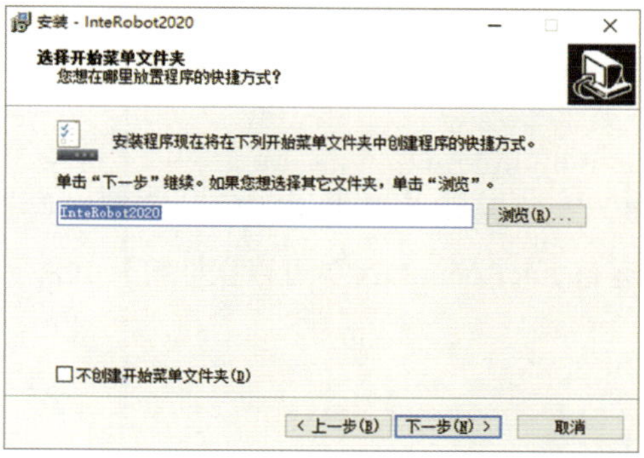
</td>
</tr>
<tr>
<td>（5）根据个人习惯决定是否创建这两种附加的快捷方式，后期可以通过其他方式来建立这两种快捷方式。</td>
<td>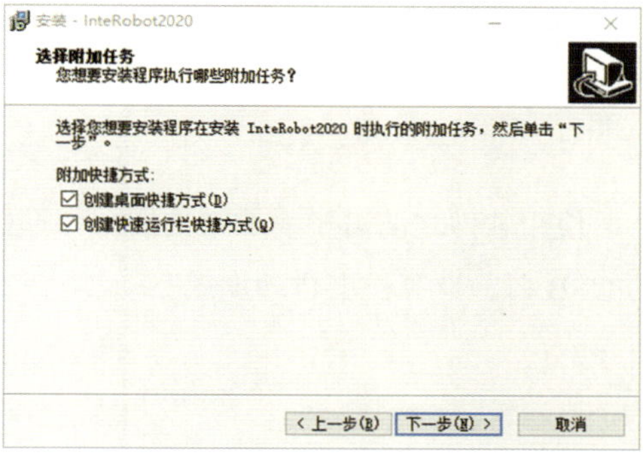
</td>
</tr>
<tr>
<td>（6）确认各项设置，如果没有问题则单击“安装”按钮开始安装。</td>
<td>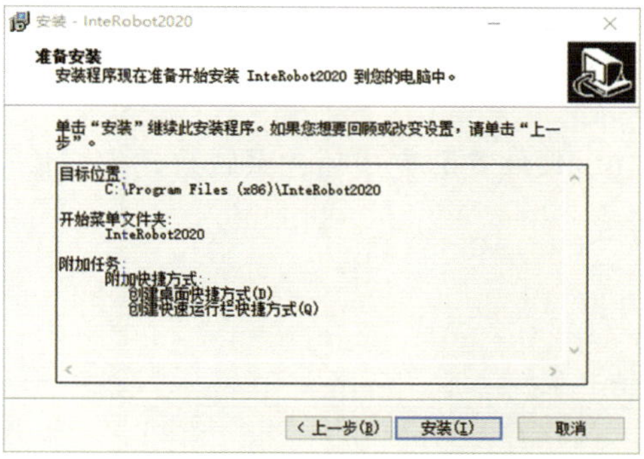
</td>
</tr>
<tr>
<td>（7）计算机配置不同，安装速度会出现差异。</td>
<td>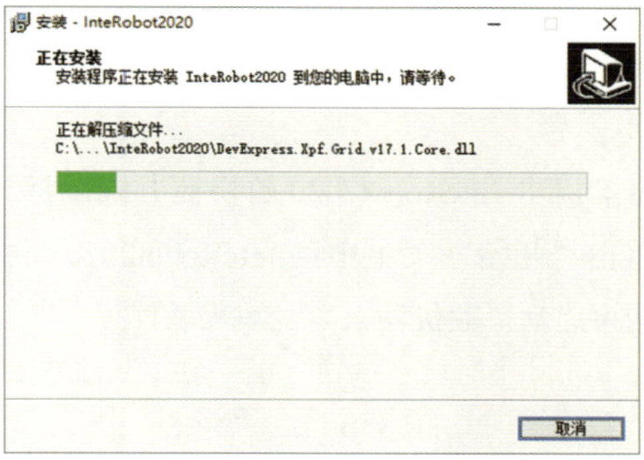
</td>
</tr>
</table>

（8）安装完成，单击“完成”按钮。勾选“运行 InteRobot2020”可以立即打开软件。	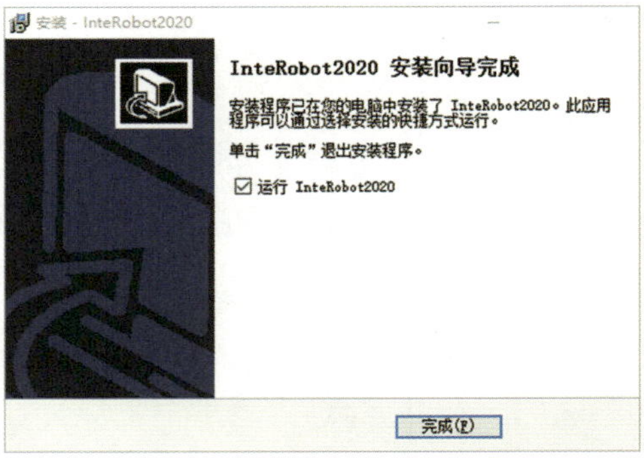
（9）使用软件之前需要将加密狗插入计算机的 USB 口，计算机会自动加载驱动。	
（10）软件安装完成后，系统自动生成快捷方式。	
（二）软件启动	
（1）双击 InteRobot2020 的快捷方式图标或单击“开始”菜单中的 InteRobot2020 图标均可启动工业机器人离线编程软件。	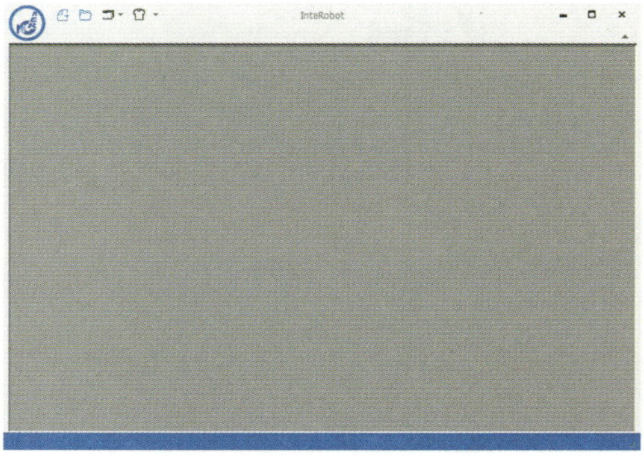

<table>
<tr><td>（2）InteRobot2020 的初始界面是空白的，单击左上角的“新建”按钮之后才能对软件进行操作。新建文件后，系统默认进入机器人模块，出现用于机器人离线编程的快捷菜单栏与导航树。鼠标悬停在图标上时会出现提示信息。</td><td>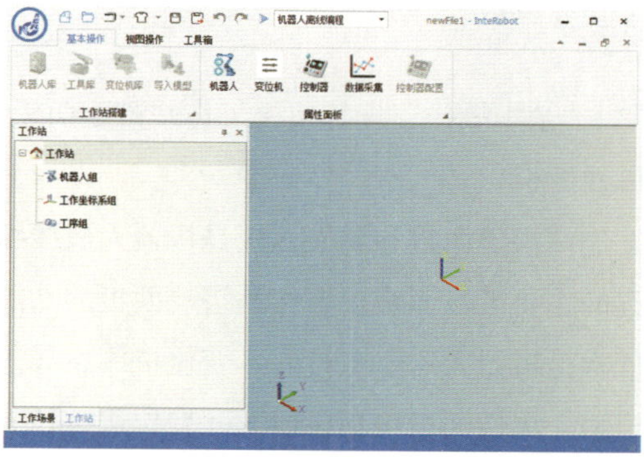
</td></tr>
<tr><td>（3）单击节点后，如弹出“没有发现加密狗，请确认或与管理员联系！”提示框，则需要将软件自带的“加密狗”插入计算机的 USB 口，即可顺利打开软件。</td><td>
</td></tr>
<tr><td colspan="2">（三）主界面</td></tr>
<tr><td>（1）InteRobot 的主菜单选项如图所示，从上到下依次是新建、打开、关于、复位导航面板、另存为、退出。</td><td>
</td></tr>
<tr><td>（2）工具栏如图所示，从左到右依次是新建、打开、视图、皮肤切换、保存、另存为、撤销、重做。</td><td>
</td></tr>
</table>

<table>
<tr>
<td>（3）“基本操作”标签包含工作站搭建面板、属性面板。
工作站搭建面板和属性面板是机器人离线编程的主要工具面板。工作站搭建面板的功能依次是机器人库、工具库、变位机库、导入模型。属性面板包括机器人、变位机、控制器、数据采集和控制器配置。单击相应的按钮可以调出对应的二级界面。</td>
<td>
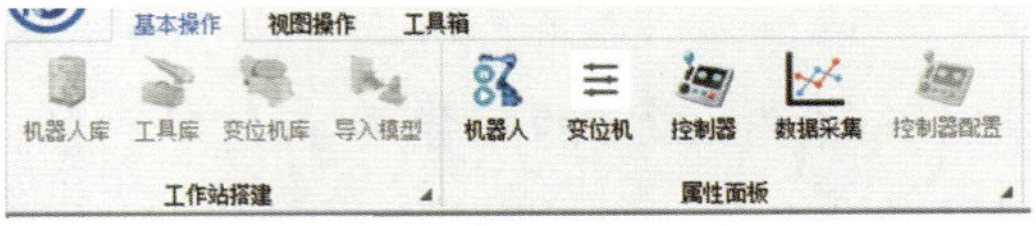

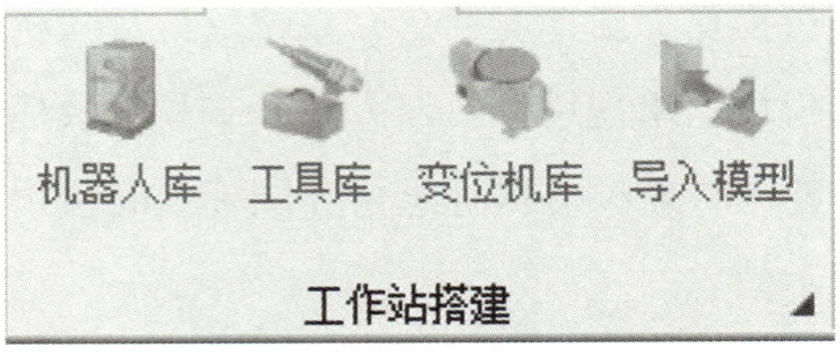

</td>
</tr>
<tr>
<td>（4）“视图操作”标签包含查看面板、操作面板、选择面板和模式面板。
可通过视图面板选择视图角度，通过操作面板移动或旋转式图，通过选择面板选择对象的不同部分，通过模式面板设置显示模式。</td>
<td>
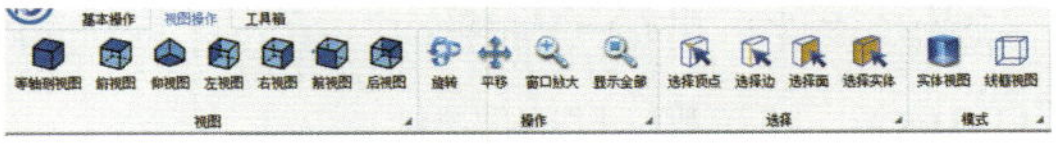
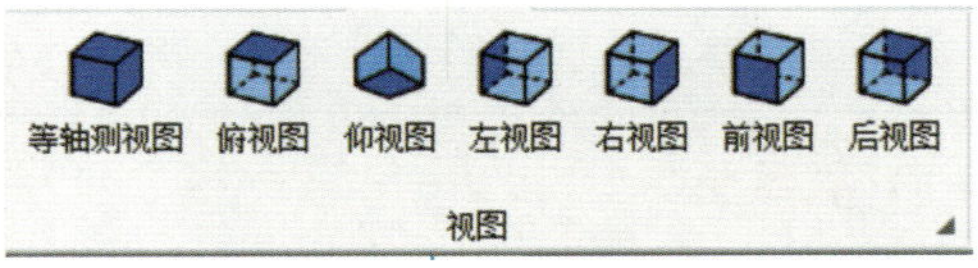

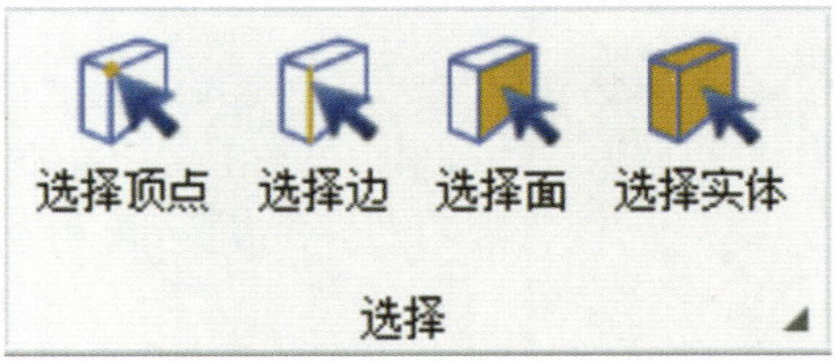

</td>
</tr>
</table>

<table>
<tr>
<td>（5）“工具箱”标签包含工具面板和视频录制面板。
工具面板提供了测量工具和欧拉角转换器。</td>
<td>
</td>
</tr>
<tr>
<td colspan="2">（6）导航栏分为两部分：工作站导航树和工作场景导航树。导航栏便于用户直观了解机器人完整离线编程文件的组成，且方便对不同项目进行操作。</td>
</tr>
<tr>
<td>1）工作站导航树以工作站为根节点，包含3个子节点，分别为机器人组、工件坐标系组和工序组，这是工作站节点的最基本组成。系统可根据用户的实际操作，以这3个节点为根节点进一步产生不同的子节点。</td>
<td>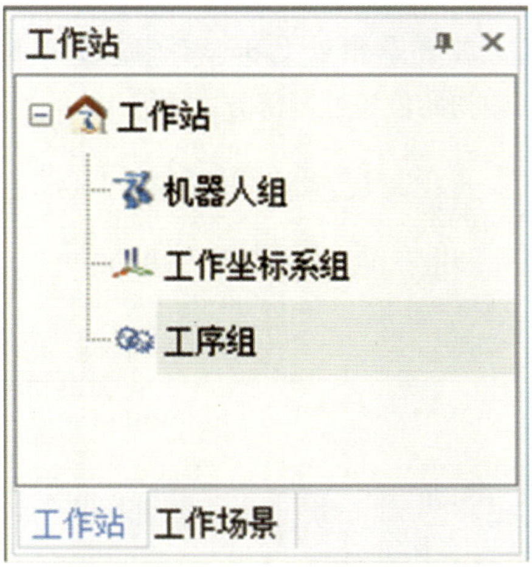
</td>
</tr>
<tr>
<td>2）工作场景导航树以工作场景为根节点，包含1个子节点。系统可根据用户的实际操作，以工件组节点为根节点进一步产生子节点。</td>
<td>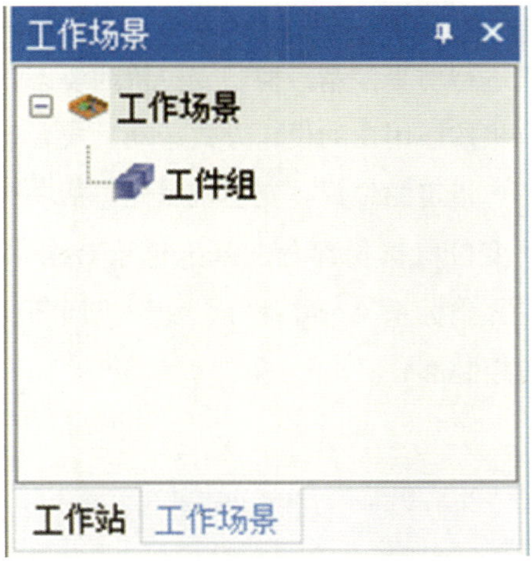
</td>
</tr>
</table>

<table>
<tr>
<td>（7）“机器人属性”窗口的主要作用是对机器人进行运动仿真控制，控制机器人的姿态，让机器人按照用户的设定方式运动，或者运动到用户指定的位置。机器人属性包括 4 个部分：机器人的选择部分、基坐标系 Base 相对于世界坐标系 World 部分、机器人工具坐标系相对于 Base 控制部分、机器人回归初始位置控制部分。</td>
<td>
</td>
</tr>
<tr>
<td>（8）“变位机属性”窗口的主要作用是对变位机进行仿真控制，控制变位机的姿态，让变位机按照用户的设定方式运动，或者运动到用户指定的位置。变位机属性包括 3 个部分：变位机选择部分、基坐标系 Base 相对于世界坐标系 World 部分、变位机回归初始位置控制部分。</td>
<td>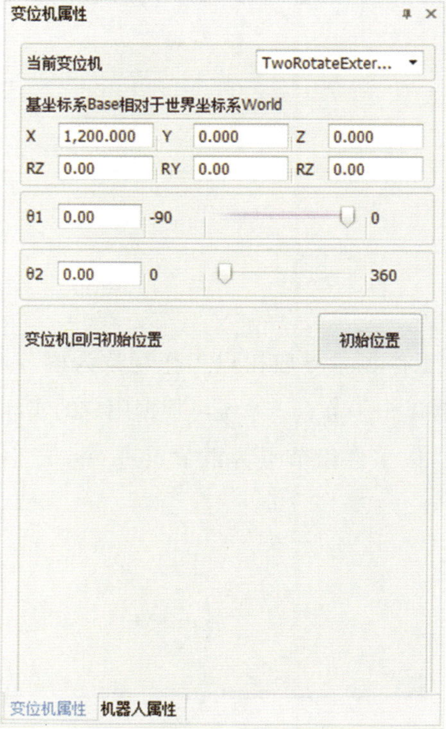
</td>
</tr>
</table>

<table>
<tr>
<td>（9）“机器人控制器”窗口用于示教器的控制，虚拟控制器的同步、配置，以及对所分配任务的控制。示教器模式可实时获取控制器的各项数据，并在视图上实现仿真机器人与实际机器人的同步动作；PC模式集成了示教器的主要功能，可在软件上直接向机器人控制器发送动作指令和程序，并接收控制器的反馈信息。</td>
<td>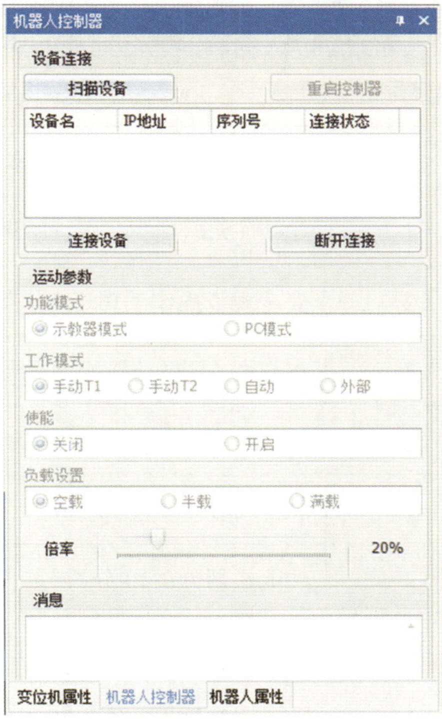
</td>
</tr>
<tr>
<td>（10）单击“数据采集”按钮可打开数据采集器，能在机器人运动过程中采集机器人的实际运行数据，有助于操作人员分析机器人的实际运行状况。</td>
<td>

</td>
</tr>
</table>

三、考核与评价

序号	评估内容	自评	互评	师评
基本素养（30 分）				
1	纪律（无迟到、早退、旷课）（10 分）			
2	安全规范操作（10 分）			
3	参与度，团队协作能力，沟通交流能力（10 分）			
理论知识（20 分）				
1	软件安装步骤（10 分）			
2	功能区划分（10 分）			
技能操作（50 分）				
1	独立完成软件的安装与调试（25 分）			
2	熟悉各功能区的作用（25 分）			
综合评价				

任务 11 离线编程软件写字应用

<table>
<tr><td>工作任务</td><td>离线编程软件写字应用</td><td>教学模式</td><td>任务驱动</td></tr>
<tr><td>建议学时</td><td>10 学时</td><td>教学地点</td><td>计算机实验室</td></tr>
<tr><td>任务描述</td><td colspan="3">本任务通过 InteRobot2020 机器人离线编程软件提供离线功能的路径规划、运动仿真、代码输出。因为离线功能是建立在离线操作基础上的，所以在进行离线路径规划和运动仿真前，必须进行离线操作，需要用户导入机器人、工具、工件或工作台等。</td></tr>
<tr><td>素养提升</td><td colspan="3">（1）培养严谨端正的学习态度、求真务实的工作作风，努力成为新时期具体匠心精神的优秀技术人才。
（2）培养民族自豪感，坚定文化自信。
（3）培养沟通交流、团队协作的意识，养成自我学习的习惯，具备分析与解决实际问题的能力。</td></tr>
<tr><td>技能目标</td><td colspan="3">（1）能够熟练地通过离线编程软件 InteRobot2020 对写字任务进行路径规划。
（2）能够熟练设置常用参数。
（3）能够完成写字任务的仿真。</td></tr>
<tr><td>设备器材</td><td colspan="3">计算机、InteRobot2020</td></tr>
<tr><td>学习思路</td><td colspan="3">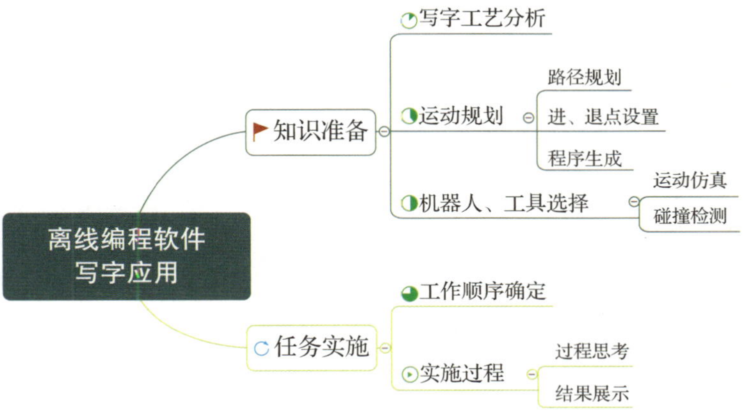
</td></tr>
</table>

一、知识准备

软件特点

目前，离线编程广泛应用于打磨、去毛刺环节，以及焊接、激光切割、数控加工等机器人新兴应用领域。与示教编程相比，离线编程系统具有以下优点：

（1）减少机器人停机的时间，对下一个任务进行编程时，机器人仍可在生产线上工作。

（2）使编程者远离危险的工作环境，优化了编程环境。

（3）离线编程系统使用范围广，可以对各种机器人进行编程，并能方便地实现编程优化。

（4）便于和 CAD/CAM 系统结合，做到 CAD/CAM/R0BOTICS 一体化。

（5）可使用高级计算机编程语言对复杂任务进行编程。

（6）便于修改机器人程序。

二、任务实施

（一）逻辑思路

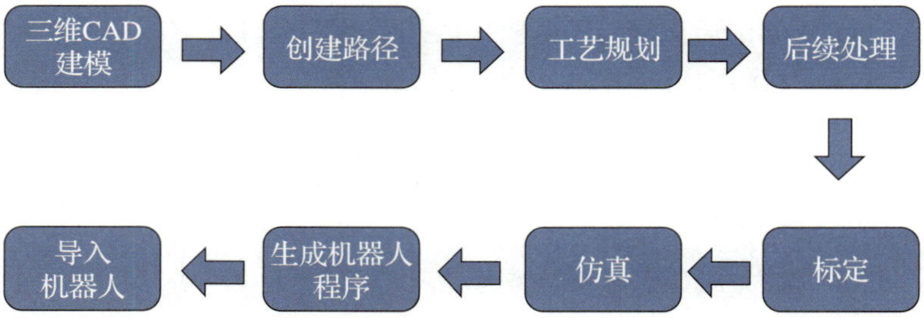

（二）机器人选择

（1）打开机器人库，单击机器人组节点后，“机器人库”按钮就会变为可用状态。在机器人库中双击相应选项，系统即可自动将其添加到工作区。

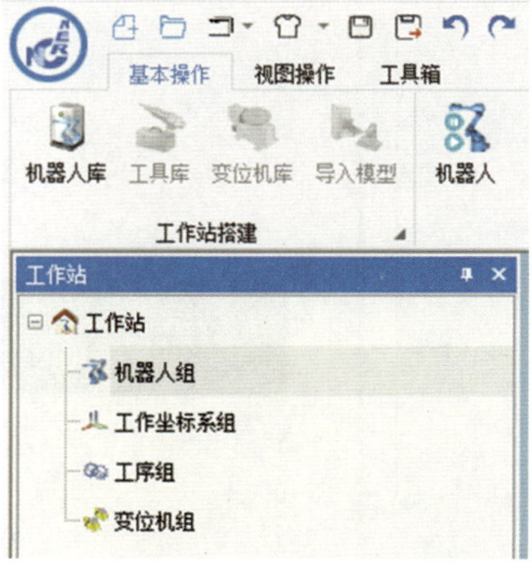

<table>
<tr>
<td>（2）在机器人库中选择机器人，也可以将新的机器人添加到系统中。机器人库包含 6 个部分：机器人名、机器人总体预览、机器人基本数据、机器人模型信息、机器人建模参数和机器人运动参数。机器人基本数据包括机器人的类型、轴数、图形文件的位置。</td>
<td>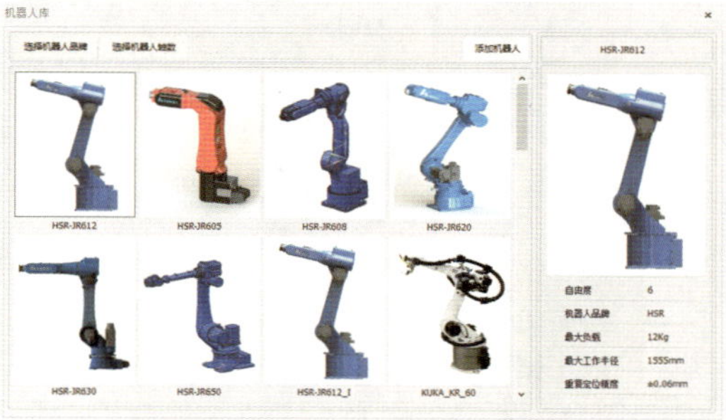
</td>
</tr>
<tr>
<td>（3）在机器人上右击即可设置机器人参数，参数包括控制系统类型、模型信息、行程参数、运动参数等。</td>
<td>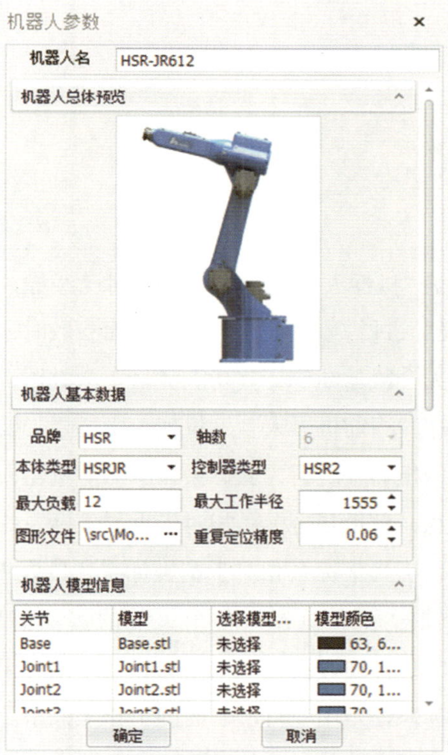
</td>
</tr>
</table>

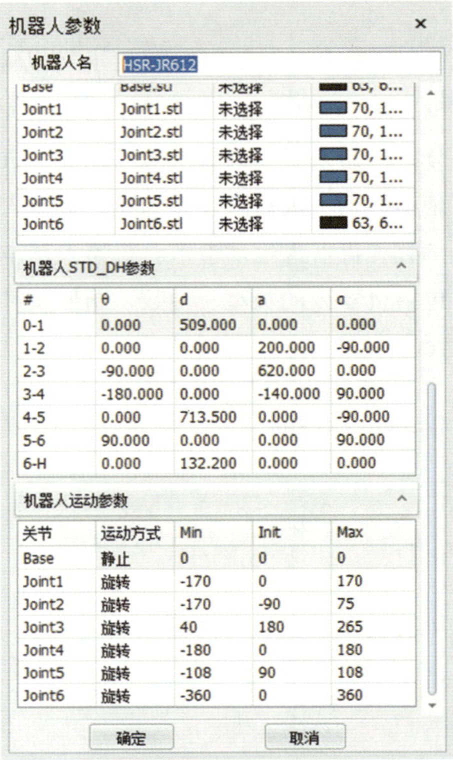

（4）“机器人属性”窗口用于对已经导入的机器人进行姿态控制，修改界面参数时，机器人会跟随动作，其功能类似于示教器。用户在“当前机器人”下拉列表中选择需要控制的机器人之后，窗口会显示当前机器人的信息，包括基坐标系相对于世界坐标系的位姿，工具坐标系相对于基坐标系的位姿（即虚轴信息），机器人各个关节的实轴信息。其中，可通过设置虚轴信息确定是相对于基坐标系还是用户自己创建的工作坐标系。用户修改虚轴信息中的参数时，机器人末端会运动到用户设置的位姿处。用户修改各个关节的实轴信息时，机器人各个关节会运动到用户设置的关节角度。单击“初始位置”按钮可以使机器人由其他姿态运动到初始姿态。编辑程序点时会经常用到此功能。

（三）工具选择

（1）单击机器人节点，“工具库”菜单就会变为可用状态，单击“工具库”菜单，弹出“机器人工具库”窗口。

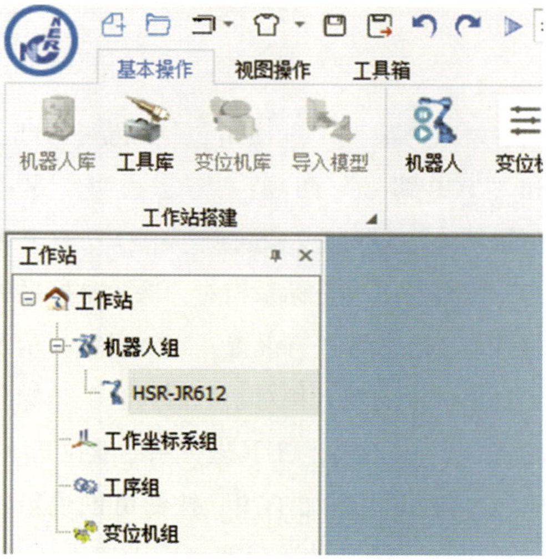

（2）工具库的相关操作包括各种型号工具的新建、编辑、存储，导入工具，导入 / 导出工具文件，预览，删除等，用户可随时调用所需工具。

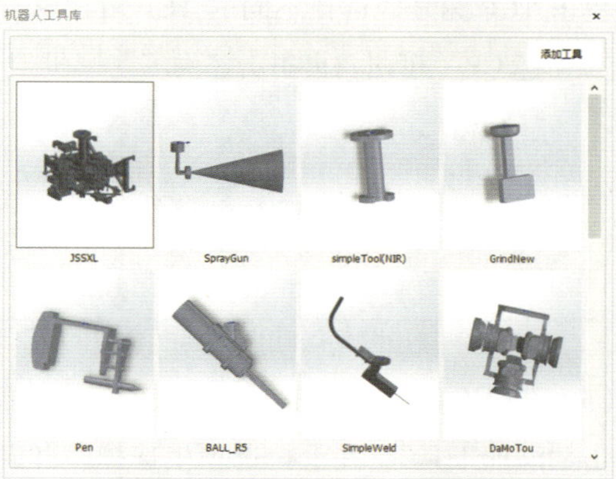

（3）在“机器人工具库”窗口右击选中的工具，在快捷菜单中选择“编辑”，可打开“工具属性”窗口，包括工具名、工具预览、TCP 设置、工具定义共 4 组选项。导入工具后，系统会将其自动添加到机器人末端的法兰盘上。

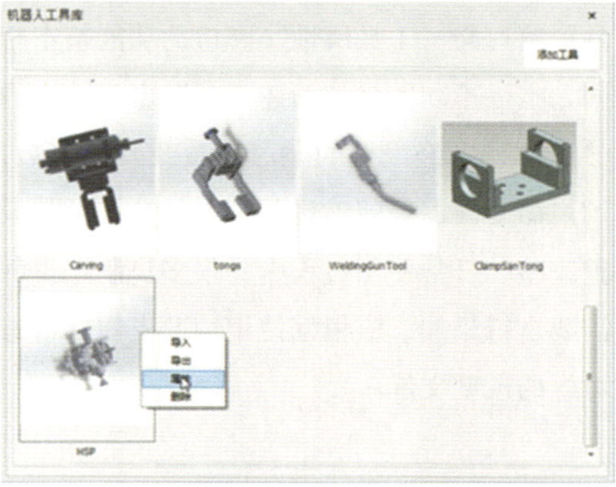

（4）“TCP 设置”选项组包括“姿态类型”和“TCP 编号”两项：“姿态类型”是按照机器人型号对应设置姿态类型，“TCP 编号”则是对工具坐标系相对于法兰坐标系的位置与姿态参数进行设置。TCP 设置显示了工具坐标系的原点相对于机器人法兰坐标系的 X、Y、Z 坐标与工具坐标系的欧拉角 A、B、C。单击“添加 TCP”按钮可创建新的工具 TCP，保存激活后即可用于离线仿真。单击 TCP 编号，选择不同的 TCP 后，单击“激活 TCP”按钮，再单击“确定”按钮。

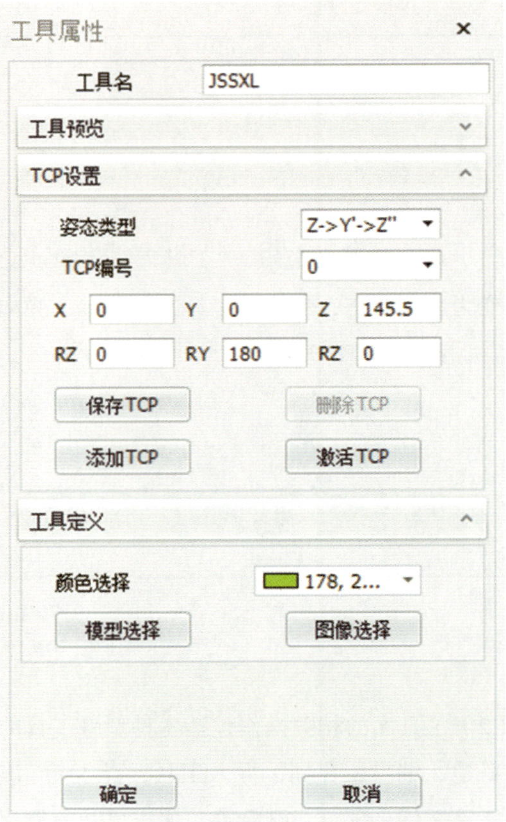

（5）新建工具。在“机器人工具库”窗口单击“添加工具”，在下拉选项中选择“自定义工具”，弹出“新建工具”窗口。“新建工具”窗口与“工具属性”窗口的功能基本相同，唯一不同的是“新建工具”窗口给出的参数都是未经设置的空白参数或默认参数，用户需要根据新建工具的基本信息将参数设置完整。日常使用过程中，很多自制工具都需要自行添加，应根据使用情况提前准备好对应的模型文件。

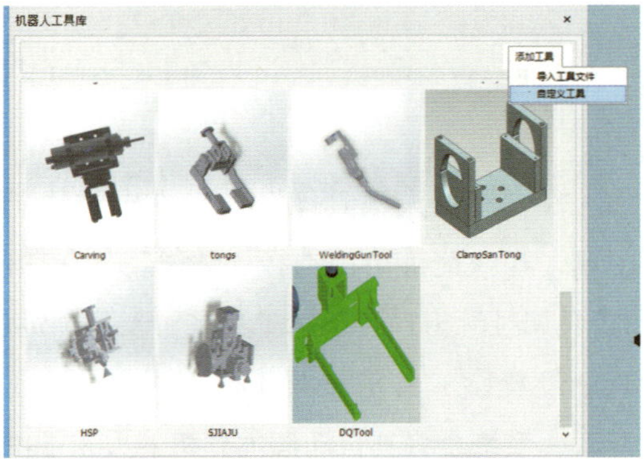

（四）变位机选择

（1）变位机库存有多种类型变位机，用户可调用任意型号变位机进行离线仿真。变位机库支持用户新建变位机；支持用户导入 stl、stp、step 的变位机模型。鼠标右击工作站节点，单击新建变位机组，“工作站搭建”板块的变位机库功能激活，单击即可进入变位机库窗口。用户可根据实际情况决定是否添加变位机。

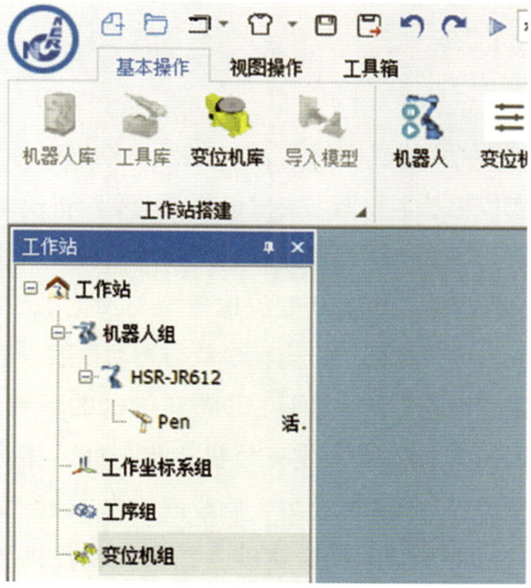

（2）“变位机库”窗口可实现变位机的编辑、新建、删除、预览、导入和导入 / 导出变位机文件的功能。

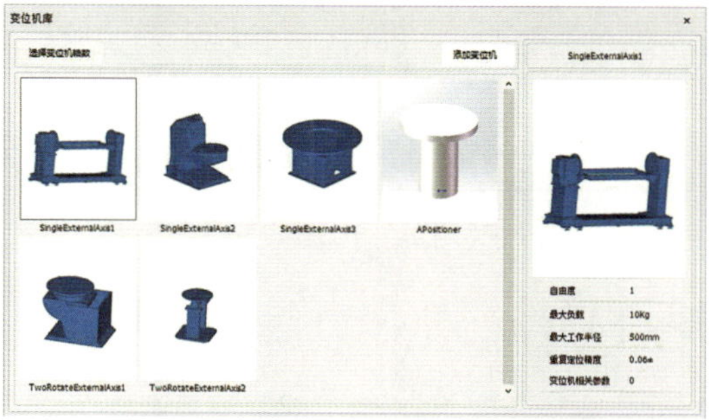

<table>
<tr>
<td>（3）“变位机编辑”窗口包括变位机名称、变位机基本数据、变位机预览、变位机模型信息、变位机建模参数、变位机运动参数共6组选项。导入新变位机模型与预览图后，设置变位机的定位坐标参数与运动参数，单击“确定”按钮即可完成变位机的新建。Base建模参数决定变位机建模坐标系相对于世界坐标系的位置，修改该参数会改变变位机的位置。Axis建模参数决定变位机所绕的旋转轴相对于变位机Base的位置。</td>
<td>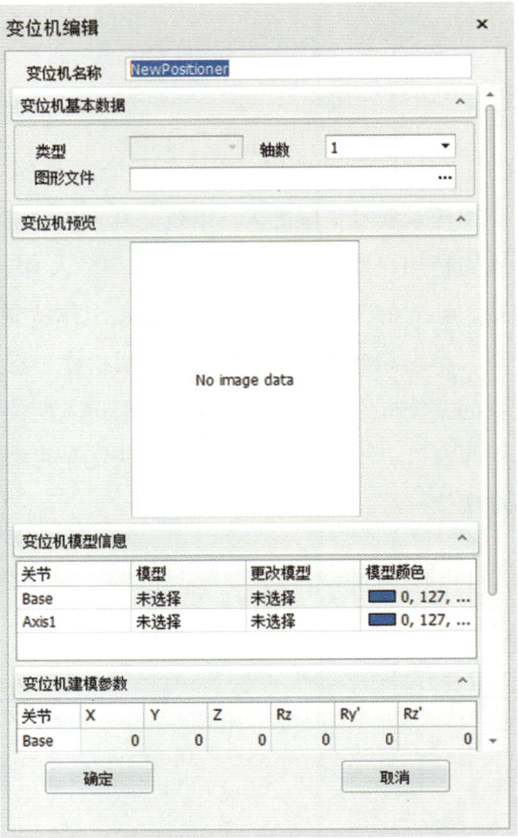
</td>
</tr>
<tr>
<td>（4）在新建的变位机上右击，选择“关联”选项，就会出现变位机标定点子选项。</td>
<td>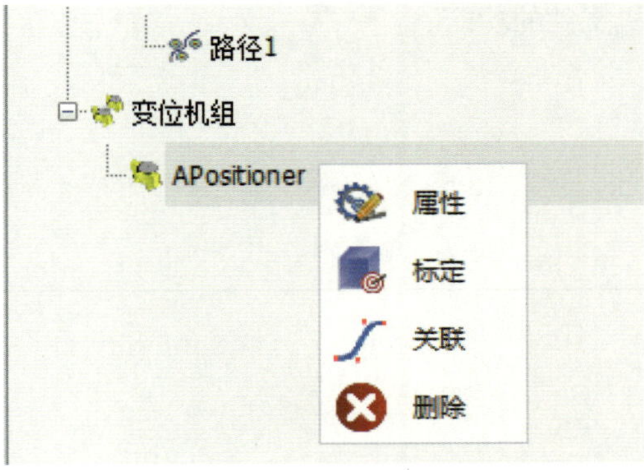
</td>
</tr>
</table>

（5）“变位机标定”窗口。导入变位机后，可相对于标定的机器人对变位机进行位置标定，变位机的标定模式同工件标定一致，为三点标定。标定变位机后，“变位机属性”窗口中的基坐标系相对于世界坐标系的位置和变位机的 Base 参数同步更改。变位机的标定相当于确定变位机和机器人之间的关系，如果不确定相应的位置关系，后续程序就无法在实际生产中运行。	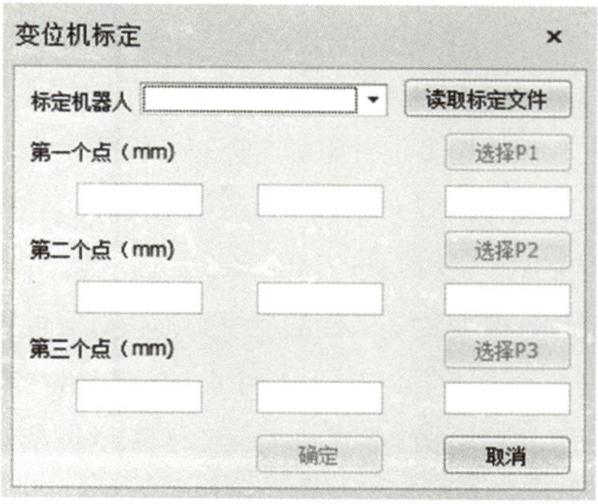
（6）“变位机关联”窗口。导入变位机后，需将变位机和机器人、工件关联在一起，这也是变位机节点右键快捷菜单中包含“关联”选项的原因。关联后，移动变位机轴，工件也会随着移动；移动机器人，变位机记录点外部轴也会随着转动。注意，三者只有在关联之后才能进行联动。系统默认将变位机设置为机器人的第七轴。	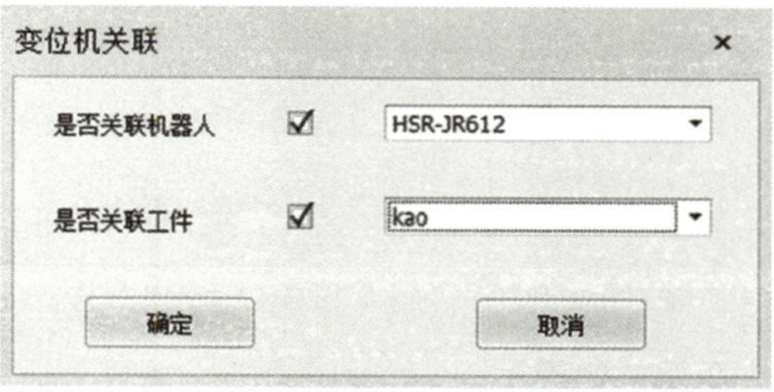
（五）导入模型	
（1）单击工作场景节点下的工件组，即可激活工作站搭建板块的导入模型功能，可以先单击“工件组”再单击“导入模型”按钮；或者右击工件组，通过快捷菜单也可进入该窗口。“导入模型”窗口提供了将模型导入机器人离线编程软件的接口，导入的模型可以是工件、机床以及其他加工场景中用到的模型文件。	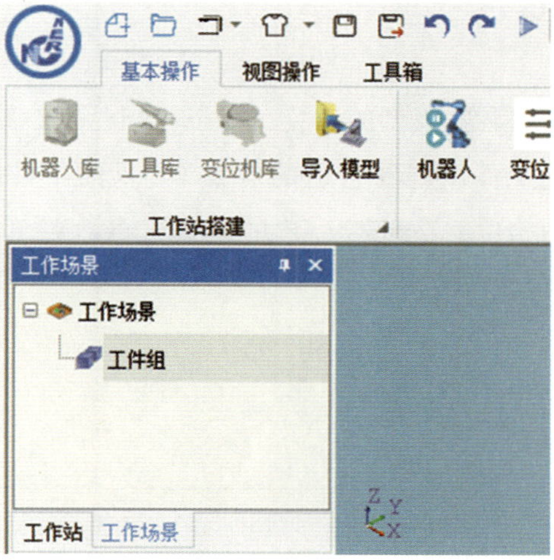

<table>
<tr>
<td>（2）通过“导入模型”窗口可以为模型命名、设置模型位置坐标与姿态、设置模型颜色、选择模型文件。导入的模型支持多种模型格式，包括 stp、stl、step、igs。调整模型位置改变的是工件的建模坐标相对于世界坐标的参数值，因为工件在导入初始状态下，建模坐标与世界坐标重合；调整模型姿态改变的是工件相对于本身建模坐标的参数值。</td>
<td>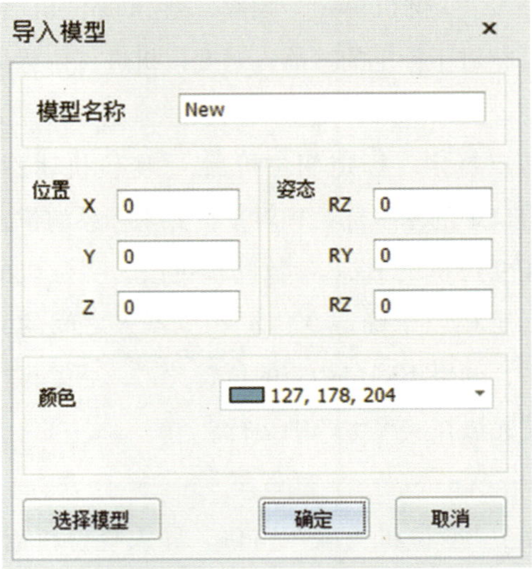
</td>
</tr>
<tr>
<td>（3）单击模型节点后，弹出“打开”窗口，选择相应的模型。</td>
<td>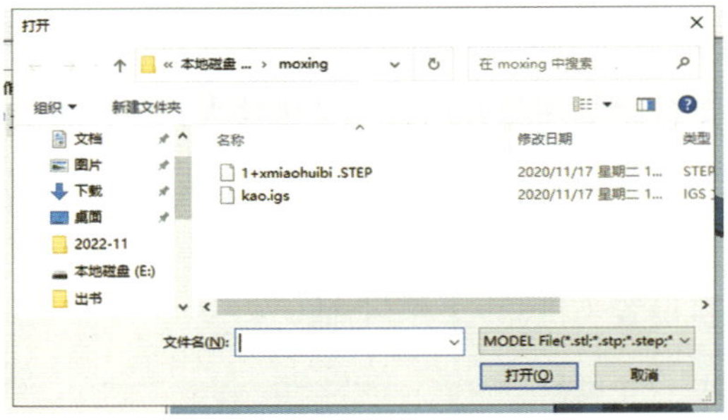
</td>
</tr>
<tr>
<td>（4）调整模型的位置、姿态和颜色等参数，使工件出现在合适的位置（导入的工件的初始位置在机器人下方）。确定参数后单击“确定”按钮。</td>
<td>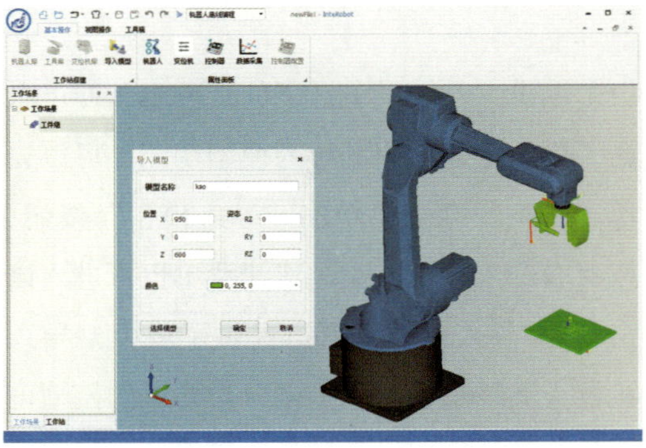</td>
</tr>
</table>

（5）模型标定与位姿调整。直接导入的模型或初调后的工件的位置和机器人相对工件的位置是不同的，此时需要通过工件标定或位姿调整功能将模型移动到正确的位置，以便进行后续操作。在模型节点上右击，在弹出的快捷菜单中选择“工件标定”或“位姿调整”，即可弹出相应的窗口。

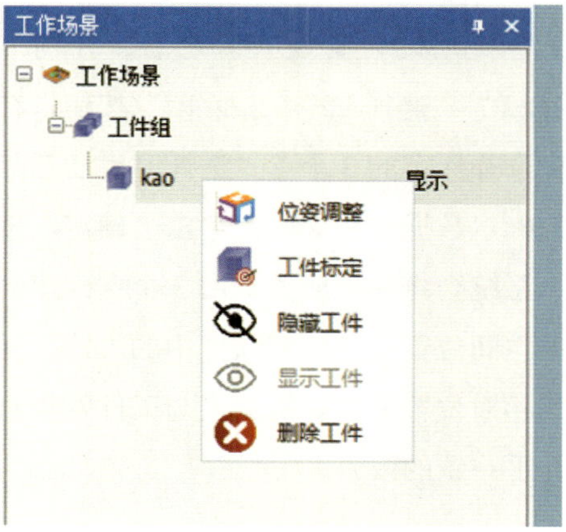

（6）标定的操作流程：首先选取标定机器人，标定是相对于机器人基坐标而言的，不同的机器人的基坐标位置可能不同；然后单击“读取标定文件”按钮，在弹出的文件选择框中选取标定文件。当前软件采用的是三点标定法，标定的文件由 9 个数字组成，每 3 个数字表示一个点的坐标，共有 3 个点的坐标。标定文件实际上就是标定用户想要选中的三点在基坐标中的实际位置。

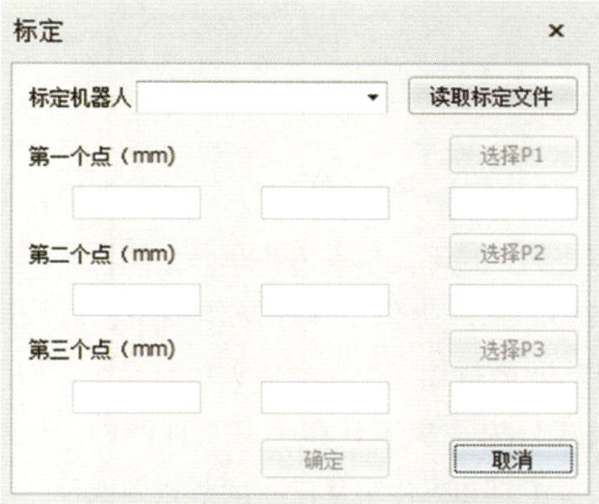

（7）读取标定文件成功后，“标定”窗口的 9 个编辑框会显示相应的数值，即 3 个点的信息。用户也可以不读取标定文件，直接在编辑框中输入 3 个点在基坐标中的实际位置。标定文件的读取方式是在工件上选择 3 个点，记录这 3 个点在机器人基坐标系的位置，最终形成标定文件。

（8）标定后的位置设置好之后，分别单击“选择 P1”“选择 P2”“选择 P3”按钮，在视图中选择标定的 3 个点，选择时要注意与设置的标定数据一一对应。单击“确定”按钮后，系统会将模型放置到由 3 个点确定的唯一的空间位置上，达到软件中的机器人与工件的相对位置和实际机器人与工件的相对位置几乎一致的效果。

（六）路径规划

（1）可通过“创建操作”窗口设置操作类型、加工模式、机器人、工具、工件和操作名称。软件提供了 4 种操作类型：离线操作、示教操作、码垛操作和代码操作。加工模式分为手拿工具和手拿工件两种。机器人、工具和工件可从已有的节点中选择。

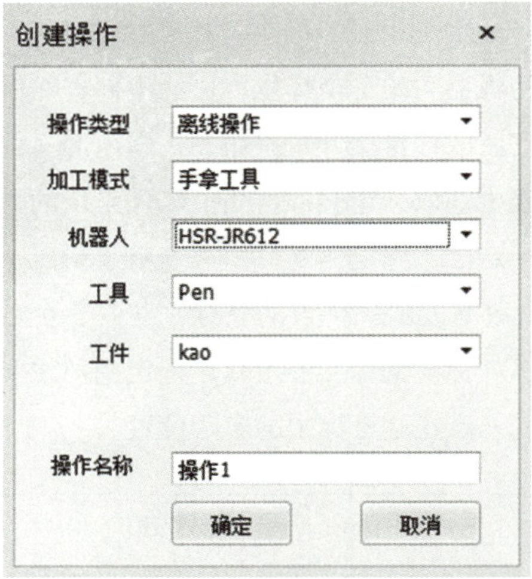

（2）在操作节点上右击，在弹出的快捷菜单中选择“路径添加”，可打开“路径添加”窗口。

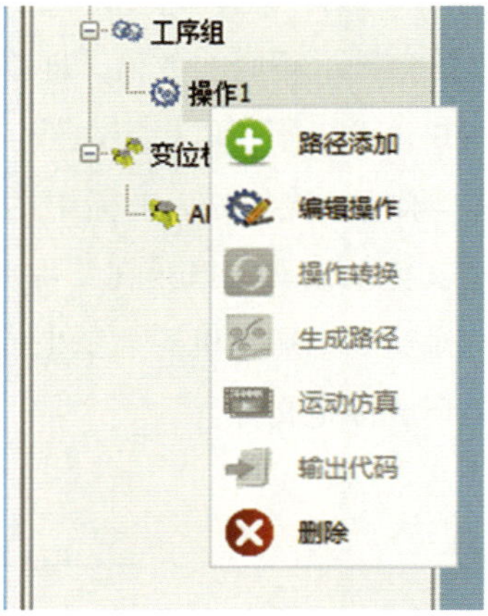

<table>
<tr>
<td>（3）可通过“路径添加”窗口设置路径名称、路径编程方式和路径的可见性。其中，路径编程方式有 3 种：自动路径、手动路径、刀位文件。</td>
<td>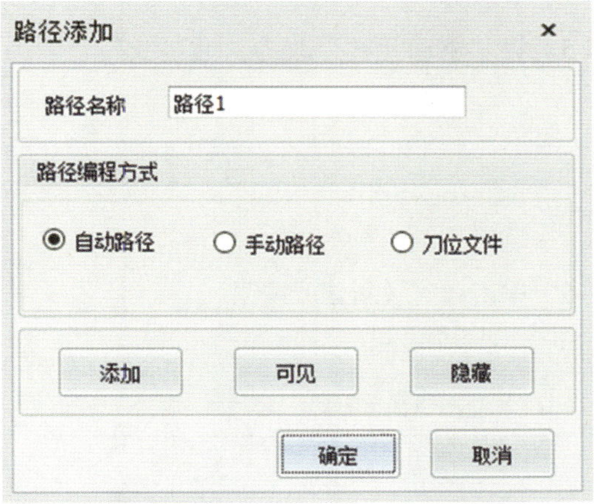
</td>
</tr>
<tr>
<td>（4）单击“添加”按钮，打开“自动路径”窗口。可通过该窗口设置驱动元素、加工方向、离散参数。“驱动元素”提供了两种自动路径的生成方式：通过面和通过线。“加工方向设置”包括曲面外侧选择和方向选择，曲面外侧选择决定了生成点的主刀轴方向，方向选择决定了生成点方向。“离散参数设置”包括弦高误差、最大步长等设置项，如果选择了“通过面”方式，则需要进行路径条数和路径类型设置。无论是选择“通过面”方式还是“通过线”方式，均可对往复次数以及生成工艺轨迹进行设置。自动路径列表显示了每条自动路径的对象号、离散状态、材料侧和方向，用户可对列表进行新建、删除、上移、下移、全选等操作。</td>
<td>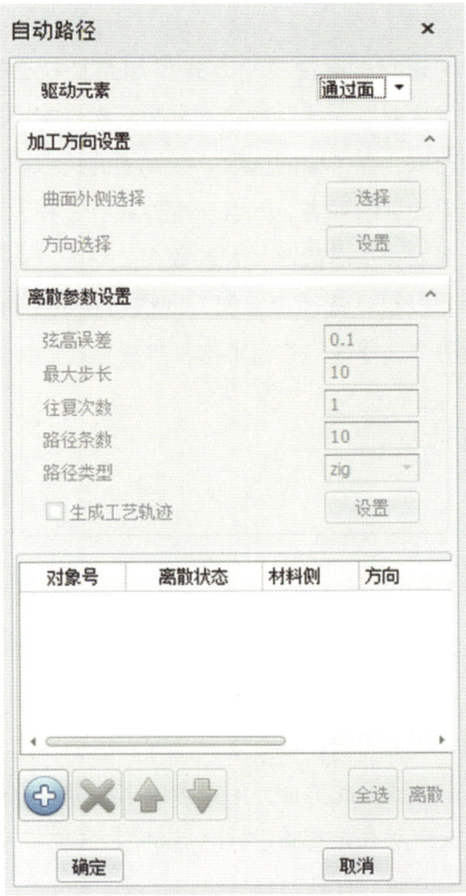
</td>
</tr>
</table>

<table>
<tr><td>（5）将“驱动元素”改为“通过线”。</td><td>
</td></tr>
<tr><td>（6）单击“+”（新建）按钮。</td><td>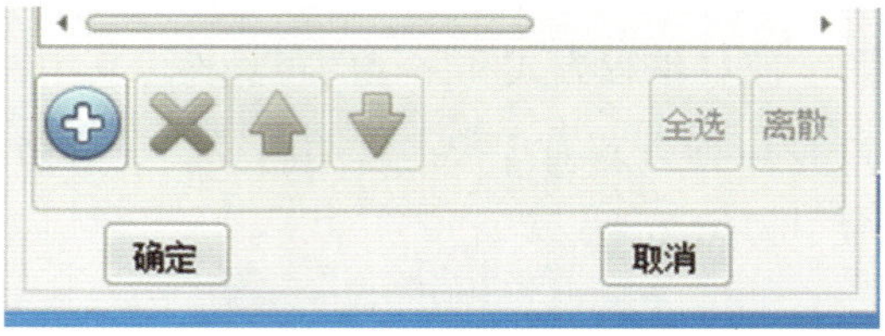
</td></tr>
<tr><td>（7）选择“通过线”方式添加路径就会弹出“选取线元素”窗口，分为元素产生方式的选取、参考面的选取、线元素的选取以及选中元素的列表。元素产生方式有 3 种：直接选取、平面截取、等参数线。单击“选择面”按钮可选择参考面，即线所在的平面，单击“选择线”按钮可选择生成路径的线。</td><td>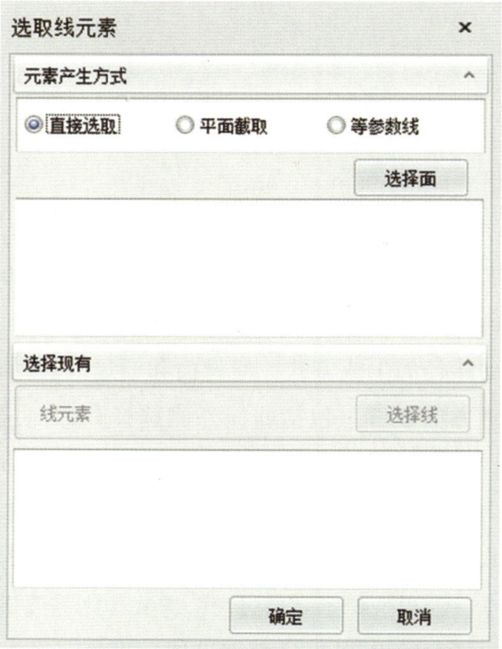
</td></tr>
<tr><td>（8）用户可先单击“选择面”按钮，选择线所在的面，再单击“选择线”按钮，选中相应面上的线。选好之后，列表中会多出一行记录。以此类推，用户可以多次进行直接选取。所有元素确定好之后单击“确定”按钮，返回“自动路径”窗口。</td><td>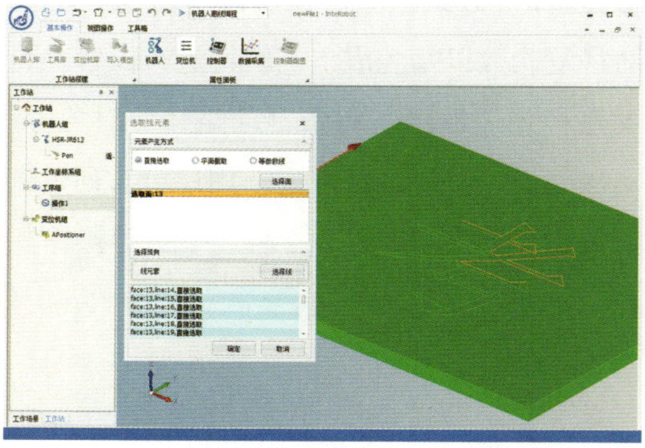</td></tr>
</table>

（9）生成路径。新添加的路径记录只有对象号，离线状态、材料侧、方向都处于未设置状态。在列表中选中该行，单击“曲面外侧选择”的“选择”按钮，选择加工时工具所在的一侧。视图中会出现两条方向选择线，选择合适的材料侧。选好后，列表中显示材料侧为数字，表示用户已经选择了材料侧。再在列表中选中该行，单击“方向选择”的“设置”按钮，选择加工时的路径运动方向。视图中会出现两条方向选择线，选择合适的加工方向。选好后，列表中显示方向为数字，表示用户已经选择过方向了。如果选择有误，单击“设置”按钮即可重新选择。

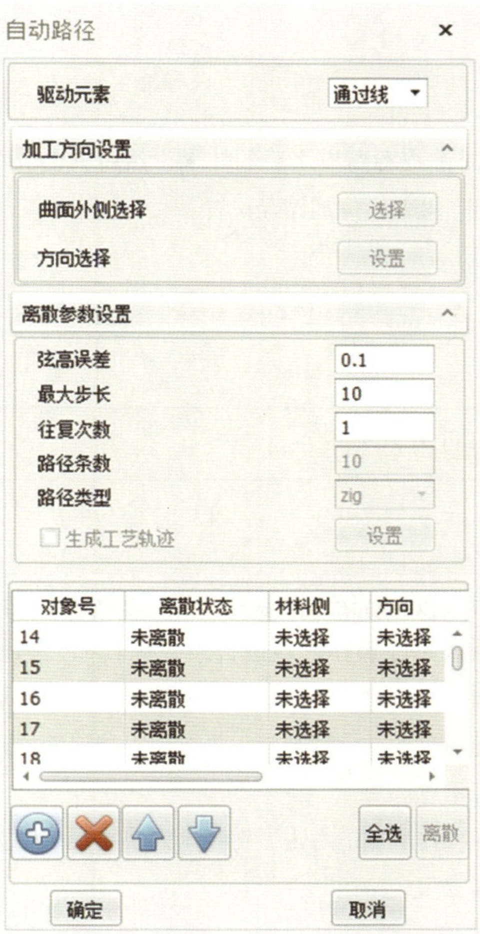

（10）完成材料侧和方向的选择后，只有离散状态是未离散。离散前要进行离散参数的设置，包括弦高误差、最大步长。设置好后，在列表中选中要离散的行，单击“离散”按钮，视图中将显示离散后得到的路径点。

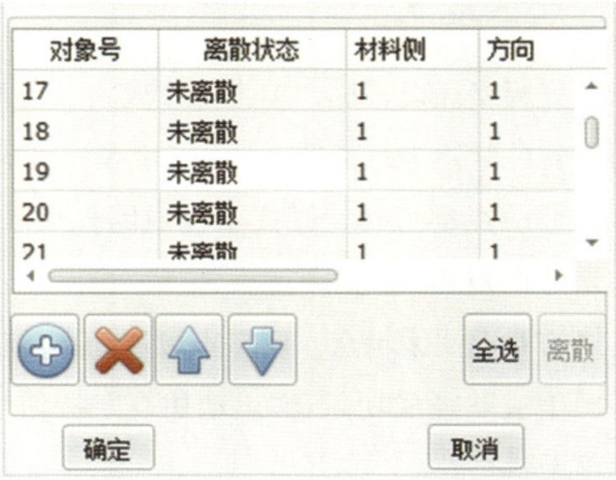

（11）查看离散之后的效果，然后单击“确定”按钮，完成路径设置。	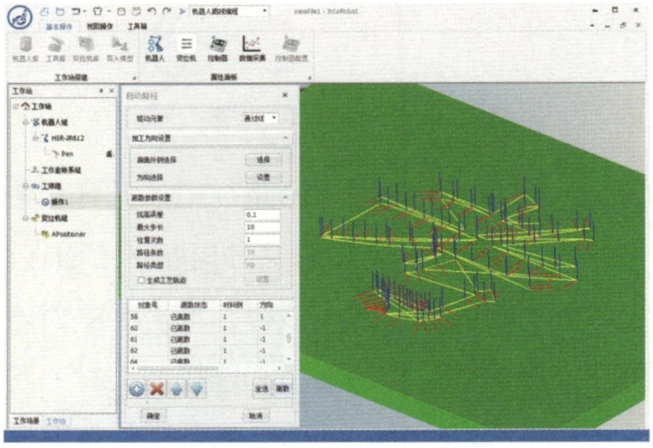
（七）生成路径	
（1）所有路径点设置完成后，用户必须执行生成路径操作才能进行路径仿真和代码输出。生成路径操作是将之前选择的路径点信息通过运动学计算转化为机器人能识别的路径信息。 在操作节点上右击，在弹出的快捷菜单中选择“生成路径”。	
（2）完成路径设置后，单击“生成路径”按钮，软件开始进行机器人运动学计算，如果计算后的点都可达，则提示生成路径成功。如果有的点不可达，则提示生成路径失败。用户需要返回编辑点，调整不可达的点的位姿。生成路径成功后，“运动仿真”按钮变为可用状态。	

（八）编辑操作

（1）通过自动路径添加方式添加好初步路径点后，可以利用编辑点功能对已经添加的点进行编辑。在离线操作的节点上右击，在弹出的快捷菜单中选择“编辑操作”。
路径中有点的情况下，“编辑点”按钮处于可用状态，单击该按钮可弹出“编辑点”窗口。

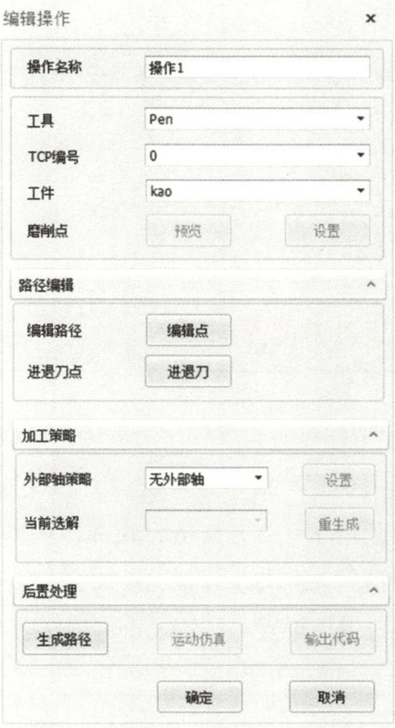

（2）因为工具的形状和尺寸不同，所以需要设置工具“笔”在运动过程中的位置和姿态，否则生成路径时会出错。
选择显示的所有点位，即从 1 到 134 点，接着单击“同目标点”按钮，用鼠标选择和工具坐标系相同方向的点位，此时所有点位都会改变，和刚才选择点位的方向相同。单击“确定”按钮。

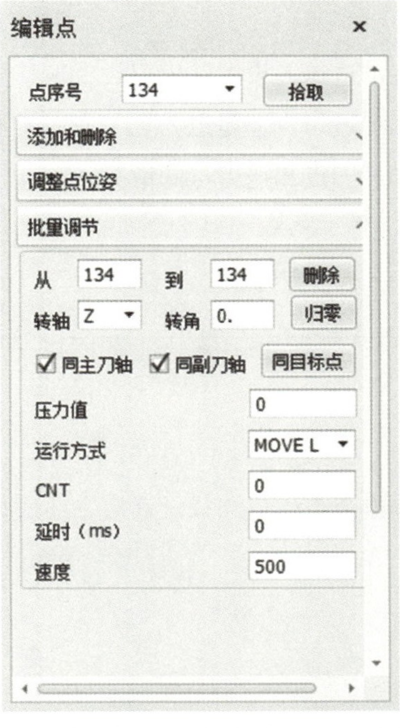

（3）单击节点生成路径，系统提示路径生成完毕，证明操作成功。	
（九）进退刀设置	
（1）主要路径点设置好之后，用户可以通过“进退刀设置”窗口进行进退刀的设置。在离线操作的节点上右击，在弹出的快捷菜单中选择“编辑操作”。路径中有点的情况下，“进退刀设置”按钮处于可用状态。	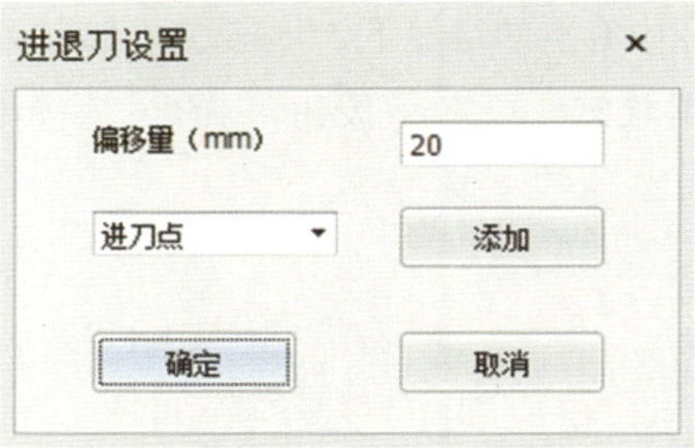
（2）在“进退刀设置”窗口设置偏移量，确定是添加进刀点还是退刀点。右图所示为成功添加进刀点和退刀点的情况。	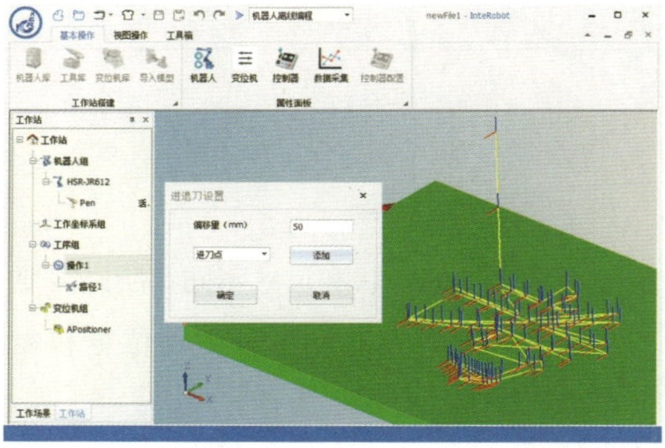
（3）单击节点生成路径。确定之前所有点位生效。	

（十）运动仿真

（1）“运动仿真”窗口中的“仿真控制”选项卡主要用于对用户选择的路径进行仿真验证。该窗口主要分为 5 个部分：基于坐标系切换、切换坐标系重生成、仿真路径所包含的点参数列表、IPC 控制器连接、仿真控制。

用户选取需要仿真的路径之后，列表中会出现与选取的仿真路径对应的参数信息，包括 X、Y、Z、RX、RY、RZ。单击列表中某一行，机器人可以直接运动到相应的位置。

基于坐标系功能表示点位信息在世界坐标系上不变，仅切换点在不同坐标系中的表示方法。切换工作坐标系功能表示保持点在坐标系中的相对位置不变，仅变化点在世界坐标系中的位姿。

勾选“ IPC 插补”，将控制器与计算机连接好，单击“加载程序到 IPC”按钮，可将仿真中的点位信息的程序上传到控制器，此时单击“仿真”按钮，加工现场机器人便会根据程序运动。

仿真控制包括仿真速度控制和仿真进度控制。仿真次数是指按照用户设定次数进行循环播放。

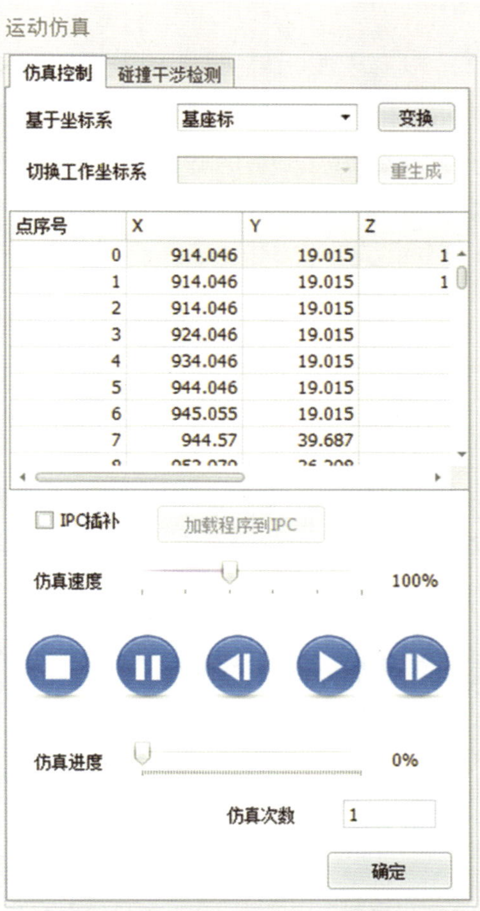

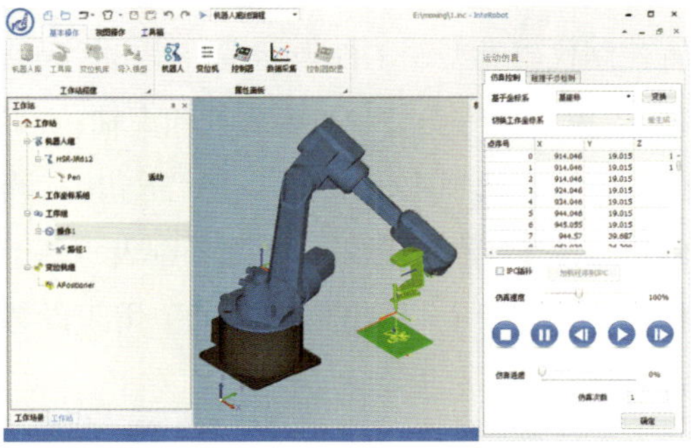

（2）“碰撞干涉检测”选项卡用于对用户选择的路径进行仿真干涉检测。检测前需要选择待检测的模型并启用相关碰撞干涉检测选项（根据检测部位选择）。	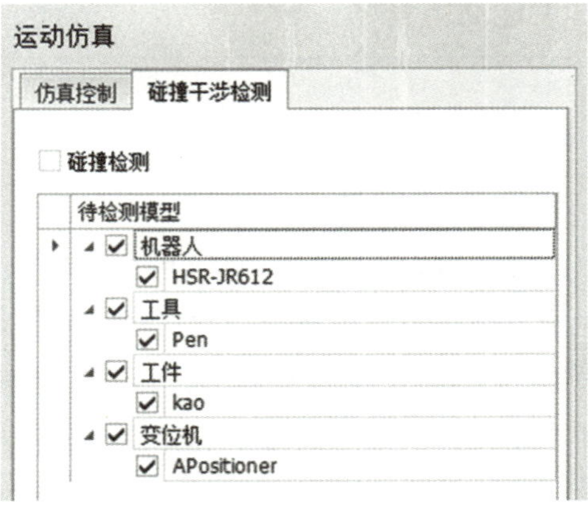
（3）返回“仿真控制”选项卡查看显示碰撞状态的图标，若仿真过程中发生干涉，标志则会呈现红色。	
（十一）代码输出	
（1）“程序代码”选项卡中，路径列表显示当前所有操作的详细信息，用户可以选择输出所需代码；“输出类型设置”选项组可设置控制代码类型、工件坐标系、输出代码路径；“控制代码类型”包括实轴和虚轴；“工件坐标系”选项中，用户可以设置输出代码的信息基于工件坐标系，不选择则表示基于机器人基坐标；“输出代码路径”用于设置代码保存的路径并命名。	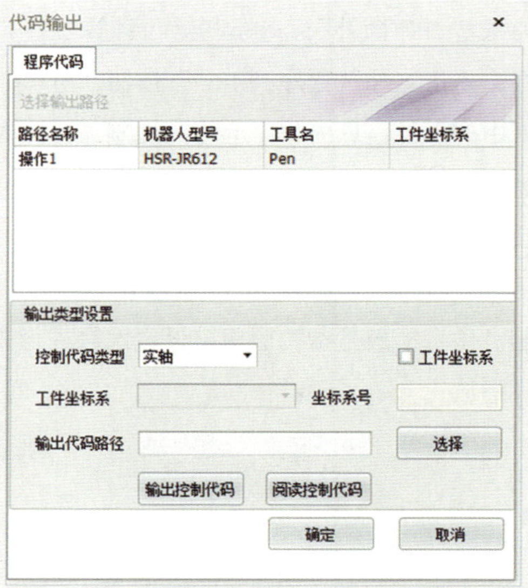

<table>
<tr><td></td><td>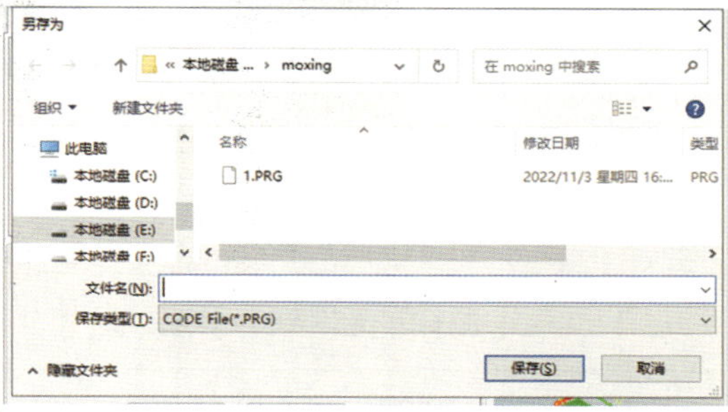
</td></tr>
<tr><td>（2）根据实际需要设置好程序输出路径后，单击“输出控制代码”按钮（系统将在设置好的路径中新建程序）。单击“阅读控制代码”按钮则会显示生成好的程序。</td><td>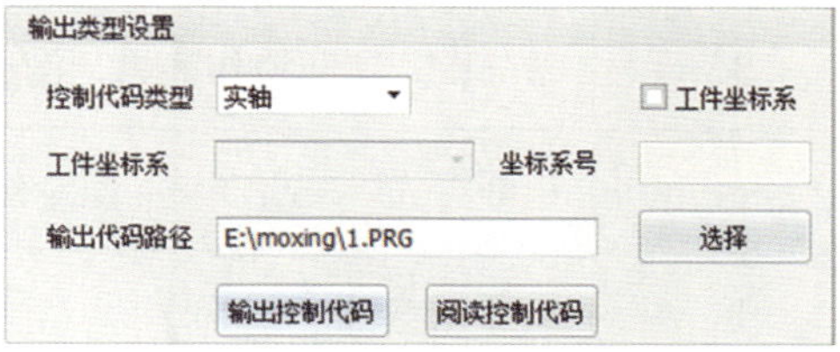
</td></tr>
<tr><td>（3）可以用 U 盘将生成的程序传输到工业机器人中，进行实际加工。</td><td></td></tr>
</table>

三、考核与评价

序号	评估内容	自评	互评	师评
基本素养（30 分）				
1	纪律（无迟到、早退、旷课)(10 分）			
2	安全规范操作（10 分）			
3	参与度，团队协作能力，沟通交流能力（10 分）			
理论知识（20 分）				
1	机器人参数（10 分）			
2	工具参数（10 分）			
技能操作（50 分）				
1	机器人选型（10 分）			
2	工具添加（5 分）			
3	路径规划（15 分）			
4	点位编辑（10 分）			
5	程序导出（10 分）			
综合评价				